LACROIX-DANLIARD

AU BOIS

Illustrations

DE

E. Juillerat, Millot & Loudet

LÉGENDE ET ÉTUDE DE MOEURS

SUR LES

QUADRUPÈDES DE CHASSE

LE LOUP — LE RENARD
LE BLAIREAU — LA LOUTRE — LE SANGLIER
LE CERF — LE DAIM — LE CHEVREUIL — LE LIÈVRE
LE LAPIN — LE CHAT SAUVAGE
L'ÉCUREUIL

PARIS

E. DENTU, EDITEUR

LIBRAIRE DE LA SOCIÉTÉ DES GENS DE LETTRES

3, PLACE DE VALOIS, PALAIS-ROYAL

1890

Au Bois

Au Bois

LÉGENDES ET ÉTUDES DE MŒURS

SUR LES QUADRUPÈDES DE CHASSE

PAR

LACROIX-DANLIARD

RÉDACTEUR EN CHEF DU JOURNAL « LE CHASSEUR FRANÇAIS »

Illustrations de E. Juillerat, Millot et Loudet

PARIS

E. DENTU, ÉDITEUR

LIBRAIRE DE LA SOCIÉTÉ DES GENS DE LETTRES

3, PLACE DE VALOIS, PALAIS-ROYAL

1890

LE LOUP

LE LOUP

I L est pénible pour beaucoup de débuter par un aveu,
et c'est pourtant par là qu'il me faut entrer en matière,
sous peine d'être mal compris. — Je suis Morvandeau. —
Voilà le mot lâché. J'ajoute avec empressement que je suis
fort aise, et ma foi ! très fier d'appartenir à cette race de
vigoureux montagnards, durs à la fatigue, intrépides mar-
cheurs, enragés chasseurs, qui aiment, par dessus tout,
leurs bois fourrés, leurs ronciers impénétrables, leurs
bruyères et leurs genêts. Ces gens-là sont pris de nos-

talgie sitôt qu'ils quittent leurs sources claires qui descendent des collines, leurs torrents tapageurs bondissant dans les gorges encaissées, pour séjourner, ne fût-ce qu'un temps, au milieu de ces pays plats sur lesquels l'eau des rivières silencieuses glisse lentement comme un flot d'huile.

On a beau me dire : « Vous êtes d'un pays de loups. » J'aime ce pays. Je l'aime pour sa beauté naturelle, pour sa coquetterie, son originalité, et son imprévu, si j'ose dire. Je l'aime pour ses fouillis, pour la singularité de ses sites, pour ses mille charmants petits coins trop ignorés. Je l'aime, parce que j'y suis né, parce que j'y ai longtemps vécu, beaucoup chassé, beaucoup ri, et surtout, hélas ! beaucoup pleuré.

Morvandeaux, mes frères, suivez mon exemple, consolez-vous, réjouissez-vous d'être nés en ce pays de loups, où il ne reste aujourd'hui de vrais loups que juste ce qu'il en faut pour empêcher la race de s'éteindre et pour permettre à MM. les officiers de louveterie, protecteurs jurés de l'espèce, de conserver leurs sinécures.

A vrai dire, « quand on parle du loup » en nos contrées sauvages, l'on n'en voit plus la queue ; mais on retrouve la trace de l'animal un peu partout, dans nos jurons, nos sobriquets, nos récits de veillées, nos dénominations de lieux. Est-il paysan qui ne dise, en colère :

« Loup verrou ! » ou en manière d'injure : « Peut loup gairou ! » Combien vivent encore, qui s'appellent : un tel, dit « Pas de loup »; un tel, dit « Meneu de loups »; et, Dieu me pardonne ! j'ai, l'an dernier, serré la main à l' « Écaudeu de loups »,

de Pierre-Sèche, près Chaumard. Ne vais-je pas, chaque année, jusqu'à la « Louère », partie du ter- ritoire de la commune de Fâchin, où furent creu- sées jadis des fosses à pren- dre les loups?

Du côté d'Ouroux, on trouve des lieux dits « Loutière », ayant eu même destination.

Le Morvan est donc incontestablement pays de loups; et il ne s'y trouve homme fait qui n'y ait « vu le loup », plus ou moins, soit dit sans malice. Si vous riez de mon temps et du pays, chacun de vous, en revenant du collège, aux vacances du nouvel an, aurait aperçu son loup flâtré sur les bas-côtés de la route de Nevers à Château-Chinon. Mais je vous parle de l'époque des diligences, et ces incommodes véhicules ont, Dieu merci! presque disparu. En ce temps-là, Painjean, Brénu, le père Brunot, le gros Charles, Jean qui se tue, Hue-mein-herr, nos « patachons » favoris, usaient, en hiver, la mèche de leur fouet sur l'échine des loups qui leur barraient le chemin. Il n'en est plus de même aujourd'hui que les loups se font rares.

Depuis que les rangs de ces redoutables carnassiers se sont éclaircis, les Morvandeaux triomphent et se vengent, par des propos médisants, de la terreur inavouée que ces bêtes sauvages leur ont inspirée jadis. Ils se plaisent à représenter le loup comme un couard, et citent, à l'appui de leur opinion de fraîche date, mainte histoire probante.

Ici c'est le Dodu qui se vante d'avoir mis en déroute, par une belle nuit d'hiver, une bande de loups qui lui emboîtaient le pas. Là, c'est le Grand-Petit, garde de M. de Saint-Léger, qui s'escrime vaillamment contre un loup et qui fait à son adversaire la plus mauvaise farce qu'on puisse faire à quelqu'un. Je vous la conterai tout à l'heure.

Qu'est-ce que le Dodu? me dites-vous, ou plutôt

qu'était-il ? car, depuis des années, le brave homme a rendu sa belle âme à Dieu. Le Dodu était un « flûteu » en renom dans le Morvan. Et par quel moyen dispersa-t-il la foule de ses poursuivants ? en embouchant sa musette, et en jouant à ces hôtes des bois son air préféré : *Le grand vainqueur*. Preuve irrécusable que les loups ne sont point mélomanes et qu'ils s'effrayent de peu ! Mais le héros de l'aventure n'a-t-il pas inconsciemment fardé la vérité ? Il revenait d'une noce, avait soufflé tout le jour et une bonne partie de la nuit dans sa « zouarne ». Cet exercice pousse à boire, et, comme chacun sait, « pour donner une tape à un verre de vin », le ménétrier n'a pas son

pareil. En outre, il avait peur, ayant, pour plus de sûreté, escaladé un gros foyard en bordure du chemin. Enfin, ce qui n'est pas signe de bravoure, il composait avec ses ennemis, les gavant, du haut de son refuge aérien, des tartes et des galettes qu'il rapportait pour

ses enfants. Il n'est point surprenant qu'une fois repus, les loups aient décampé aux sons criards de la musette.

Quant au Grand-Petit (puisque Grand-Petit il y a), surpris en plein bois, pendant une tournée, par un violent orage, il s'était réfugié dans le creux d'un vieux chêne. Il y était à peine qu'un loup, fouetté par la grêle, s'y vint aussi blottir. De l'homme ou du loup, qui eut la plus grand'peur? Je ne saurais dire. Toujours est-il que d'abord chacun se rencogna. Le tête à tête, un peu froid, fut de courte durée. Le garde, s'étant bientôt ressaisi, d'un brusque tour de main vous empoigne son adversaire par derrière, par la queue, pour tout dire. Terrifié, le loup tente de s'échapper, s'élance et tire de toutes ses forces. Vaine entreprise! La queue tient bon et l'homme aussi. Nouvel à-coup, nouveau déboire! Enfin, tout rompt, et la bête s'enfuit écourtée. « Te peux ben couri, peute bête, lui cria le garde brandissant son trophée poilu, t'es dessargée de tai queue! » (Tu peux bien mieux courir, vilaine bête, puisque te voilà déchargée de ta queue!)

Je connais vingt anecdotes de ce genre, ayant toutes un grand fonds de vérité. Aussi bien, n'est-il point d'animal dont on ait plus parlé que du loup. Les dictons sur son compte et les superstitions qui le touchent se chiffrent par centaines.

Demandez demain, en notre Morvan, à la première bergère que vous rencontrerez : « Combien de moutons en ton troupeau, la drôlière ? — Approchant deux vingts ou pas très ben de pus ! » (Quarante environ ou guère plus.) Pourquoi pas le chiffre exact ? C'est que : « brebis comptées, le loup les mange » Posez à quelque paysan question pareille sur le nombre de ses poules, de ses vaches ou de ses cochons, vous en recevrez, ou je me trompe fort, semblable réponse.

En une foire, les bestiaux deviennent-ils subitement furieux, se bousculent-ils avec rage, renversant leurs gardiens et tout ce qui se trouve devant eux, c'est, n'en doutez pas, qu'un mauvais gars a jeté du foie de loup sur le marché.

De là à croire aux « meneux » de loups, il n'y a pas loin. En tous cas, vous pouvez tenir pour certain que les « rebouteux » sont encore en honneur chez nous, témoin Duvernoy dit Courtoujours, qui rien que de souffler dessus, guérit les entorses.

Si, dans la même écurie, deux vaches crèvent à quelques jours d'intervalle, c'est que le « jeteu de sort » est passé par là.

Quant au « meneu » de loups, si l'on n'y croit plus guère, on y pense toujours. Qu'était-il donc et que faisait-il, pour être si redouté des paysans d'autrefois ?

Le « meneu » de loups n'était point d'ordinaire un richard, mais quelque pauvre hère, à l'aspect sauvage, au regard sournois, honteux par misère, et qu'à cause de tout cela on regardait d'un mauvais œil. D'ailleurs, ne tenait-il pas, la nuit, dans les bois, autour d'un feu de ramée, grand conseil avec les loups assis en rond ? N'était-ce pas lui qui indiquait à ses fidèles les troupeaux mal gardés, de préférence ceux de l'ennemi personnel, de celui qui l'avait pris en flagrant délit de vol dans la forêt voisine et fait condamner pour ce méfait ? En échange de ces petits services, le « meneu » avertissait les loups des battues projetées contre eux, et leur indiquait les passées les plus sûres pour y échapper. Au besoin, en cas de péril imminent, il les « sarrait » dans son grenier, au bon moment. Aussi, les « piqueux » de l'ancien temps et les rabatteurs qui les assistaient ne manquaient-ils point de dire sentencieusement, quand ils faisaient buisson creux, que le « sarreu de loups » avait fait des siennes.

Au dire de bien des gens le « meneu » de loups, en

notre pays, ne faisait qu'un avec le loup-garou. On croyait
volontiers que le « meneu » courait la nuit, vêtu d'une
peau de bête, qu'on lui voyait cacher au petit jour, dans
un creux d'arbre. Les balles ordinaires l'effleuraient sans
le pénétrer, et si d'aventure il recevait quelque bonne
charge de gros plomb dans les côtes, il en était quitte
pour une courbature.

Pour nombre de personnes, au contraire, le loup-
garou était un trépassé, un ancien garde poursuivi par la
justice divine pour forfaiture ou faux témoignage, et con-
damné à passer sa vie d'outre-tombe en la peau d'un loup,
comme en un purgatoire. Pour relever de sa déchéance
cette âme en peine, il ne fallait rien moins qu'une balle
bénite, sur laquelle avaient été récités trois *Pater* et
trois *Ave*.

Ce n'est point dans le Morvan seulement qu'on a cla-
baudé sur le loup. Les naturalistes s'en sont
mêlés. Valmont de Bomare, en particulier, dit du loup qu'il a le col si court
qu'il ne peut le remuer, ce qui l'obli-
ge à tourner tout son corps quand
il veut regarder de côté. » Nous sa-
vons aujourd'hui que penser de cette
légende. Les loups n'ont plus « les
côtes en long » : ils ne les eurent ja-

mais ainsi ; ils sont, au contraire, fort agiles, et très souples de leur corps qu'ils tournent et retournent prestement en tous sens.

D'où vient donc qu'on a dit des loups qu'ils avaient les côtes en long ? C'est toute une histoire. La voici :

Au temps jadis, pour garantir des loups ses troupeaux, le paysan charmait les champs avoisinant la ferme. A cette fin, il vous dépeçait un agneau, le coupait en morceaux, faisait sur chaque part le signe de la croix, ramassait ces précieux débris et prenait sa course. D'une allure rapide, il faisait le tour du terrain à préserver, semant quelques lambeaux à chacun des coins et récitant cette prière : « Sainte Marie, roi du loup, bridez le loup ; sainte Agathe, liez-lui la patte ; saint Loup ! tordez-lui le cou. *Amen !* »

Au fond, de sainte Agathe et de saint Loup notre homme n'attendait rien. S'il les invoquait, c'était par raison de convenance, et pour ne blesser personne. Sainte Marie seule avait toute sa confiance.

C'est que, voyez-vous, on lui avait conté de drôles de choses sur

la vierge Marie. On lui avait dit
qu'elle avait un jardin planté de
choux, et de choux magnifiques,
ma foi ! si beaux qu'ils avaient
tenté les chèvres du voisinage.
Les biques travaillent vite et
vous tondent un chou en deux
tours de langue. Il fallait aviser
au plus tôt. La Vierge s'en va
donc trouver Jésus, lui conte
ses ennuis, signale les méfaits
de ces chèvres indiscrètes et ir-
révérencieuses qui mettent à sac
le divin potager. Elle plaide, insiste,
si bien que Jésus, pour avoir la paix,
mande et ordonne aux loups, officiers de
police, de protéger la propriété de sa mère.
Ils firent si bonne garde et prirent leur rôle tant au sérieux
qu'au bout de huit jours, il n'y avait plus ni chèvres, ni
moutons à dix lieues à la ronde. Ceux qui n'avaient
pas été croqués s'étaient enfuis, et l'ordre régnait.

Marie reçut des plaintes des rares survivants. Les
loups furent appelés, tancés d'importance, et condamnés à
porter sonnette au cou, si mieux ils n'aimaient être
« esrénés » c'est-à-dire, avoir les reins brisés. Ils optèrent

inconsidérément pour le « clairin ». Mais, à partir de ce moment : Adieu ripailles! Au moindre tintement de la sonnette, chèvres et brebis prenaient leurs jambes à leur cou et détalaient. Et loups de maigrir et loups de s'abîmer en d'amères réflexions ! Tout mourants de faim, ils vinrent trouver la Vierge, lui demandèrent la faveur grande d'être « esrénés », elle les « esréna » donc, et, sur leur requête, changea la disposition de leurs côtes.

C'est pourquoi, depuis lors, les loups ont passé pour les avoir en long. C. Q. F. D.

Quoiqu'il ressemble au mâtin pour la taille et pour les formes du corps, le loup a le museau plus effilé, les yeux plus petits, plus écartés, très vifs en leurs paupières obliques, et brillant dans la nuit, comme escarboucles.

Les oreilles sont droites et trop courtes pour être empoignées. Nul n'a donc tenu « le loup par les oreilles. »

En revanche, si quelqu'un s'est jamais jeté « dans la gueule du loup », il en a dû sortir fort maltraité.

De ses quarante-deux dents, rangées en bataille sur de longues mâchoires et pouvant agir simultanément, il tranche, d'un seul coup, la jambe d'un poulain ou d'une génisse; avec douze incisives bien aiguës, secondées par quatre solides canines, il pince, accroche et ronge sa proie; à l'aide de douze avant-molaires et de quatre molaires principales, il la découpe; il la broie, sans peine, de ses dix

arrière-molaires (dont six à la mâchoire inférieure) qui
sont très plates et entièrement opposées par la couronne.

Ces instruments de choix, si bien appropriés à leur
destination, sont symétriquement rangés dans cette gueule,
à droite et à gauche, en
haut et en bas, com-
me en une boîte
de chirurgie.

Le cou char-
nu de la bête
vient se nouer
entre deux ro-
bustes épaules,

emmanchées de jambes sèches,
plus courtes que celles du mâtin.
A l'arrière-main, plus bas que le devant,

les jarrets se touchent. C'est peut-être là ce qui donne à l'animal, pourtant infatigable coureur, un air de faiblesse maladive en son allure. Les quatre doigts de chaque pied, sans compter l'ergot interne attaché aux membres antérieurs, portent des ongles qui ne sont ni rétractiles, ni tranchants. Enfin, au bout de ce corps de

lutteur affaissé, corps nerveux, quoique un peu massif, pend, immobile et penchée vers la terre, une queue grosse, touffue et sans courbure.

Si vous tenez à connaître le pelage du loup, rendez visite à un vieux chasseur du Morvan : il a toujours dans sa maison, quelque descente de lit en peau de loup. A défaut, cherchez un loup empaillé à la vitrine d'un naturaliste ou à l'étalage d'un bric-à-brac. Ces moyens sont maintenant les plus sûrs. Un loup pèse d'ordinaire de trente-cinq à quarante-cinq kilogrammes, par exception de cinquante à cinquante-quatre. Il faut remonter jusqu'à la bête du Gévaudan, pour trouver mieux. Son poids était de cent cinquante livres. — Vivant, il est vrai, en 1764, sous le règne de Louis XV, le Bien-aimé, elle avait pu faire chère lie impunément, croquer, avant d'être mise à mal, quatre-vingt-cinq sujets de Sa Majesté très catholique et en estropier vilainement trente autres. On serait gras à moins! Avant de se laisser porter bas, elle eut la coquetterie de mettre sur pied plus d'un millier d'hommes armés, et sur les dents les plus habiles veneurs du temps.

Il ne fallut rien moins qu'un coup de maître du Sieur Antoine de Beauterne, porte-arquebuse du Roy, pour expédier dans l'autre monde, ce redoutable carnassier.

Prudence est mère de sûreté. Le loup connaît le proverbe et s'y conforme. Aussi, n'est-ce qu'après avoir éventé de toutes parts qu'il se décide à franchir la lisière du bois.

D'un caractère défiant et personnel, il reste sur la réserve avec ses semblables, vit solitaire, et ne prend, avant l'action, conseil que de lui-même. Travaillant seul d'ordinaire, il ne se choisit de complices que pour les cas difficiles, quand il faut frapper fort ou faire vite, tenter un coup contre le gros bétail ou anéantir un troupeau dans la bergerie.

Veut-il se venger du chien qui l'a houspillé la veille, il s'assure le concours d'un escarpe de son espèce, et l'aposte à l'entrée du bois. Lui, va droit à la ferme, s'y donne au chien qu'il entraîne à ses trousses jusqu'à l'embuscade qu'il a perfidement dressée. La courageuse bête, happée au passage, étranglée d'un seul coup, périt victime du devoir, et les deux coquins déchirent, à l'envi, le

cadavre dont ils sèment les morceaux dans les carrefours,
pour l'exemple.

Le loup ne chasse guère que de nuit. Il poursuit
presque tous les animaux et force les plus habiles en
quelques heures, nulle bête n'ayant assez de vitesse et de
fond pour lutter longtemps avec ce fauve aux jarrets
d'acier. C'est un jeu, pour cet animal, capable de faire, sans
fatigue, quarante lieues en une nuit, de prendre la piste

d'un sanglier blessé, de le
joindre et de l'achever.
En moins de trois heures,
fût-elle plus lourde que lui
et plus grosse, la bête est
dévorée. Comment expli-
quer ce fait incroyable et
vrai pourtant? Par l'extrême
facilité avec laquelle le loup
se déleste l'estomac. Est-il in-
commodé, ou trop alourdi
dans sa marche, il vomit, en
quelque trou, le superflu de
la nourriture, sauf, en cas de
besoin, à revenir fouiller sa
cachette. En fait, il y revient rarement.

Quand il ravage les bergeries, c'est aussi la nuit. Il y

étrangle tout. L'hécatombe faite, il emporte une de ses victimes, et la mange au loin; puis, il retourne chercher les autres qu'il cache successivement en divers lieux, s'il n'est pas inquiété. Avec une effronterie peu commune, il suit le cavalier dont il convoite la monture, et happe le chien du piéton, dans les jambes du maître. Mais, chez nous, du moins, s'il suit l'homme, il ne l'attaque plus guère, hors le cas de rage. En cet état, le loup se jette, tête baissée, sur tout ce qu'il rencontre et cause en un pays des désordres d'autant plus affreux que la terrible maladie ne le terrasse qu'au bout de trois semaines. En germinal an VI, cinq personnes, trois de Corancy et deux d'Arleuf, furent mordues par une louve enragée. Deux moururent à l'hospice de Château-Chinon. Il fut même dépensé cinq francs pour leur enterrement. (Archives de l'hôpital de Château-Chinon.)

Quand il est fatigué ou repu, le loup dort tout le jour. S'il a fait buisson creux, et que sa quête de nuit, le long des ruisseaux et des mares, ne lui ait mis sous la dent ni chair fraîche, ni viande corrompue, « la faim le pousse hors du bois. » Il ne s'y aventure qu'avec des précautions infinies, toujours sous le vent, d'une allure furtive et légère, « à pas de loup », enfin. Au moindre bruit, il se tapit, rampe, se dérobe derrière la haie, se glisse au milieu des herbes et des genêts. Arrivé à portée, à la

moustache des chiens et à la barbe du berger, il bondit au
milieu du troupeau, charge sur son cou robuste la brebis
qu'il a choisie, et d'une course à peine ralentie par un
fardeau si pesant, il regagne le bois, toujours au galop.
Si les chiens le poussent et lui mordent les fesses, si
quelque paysan lui fauche les pattes d'un coup de trique
bien appliqué, il lâche prise, pour sauver sa peau. Mais, il
n'a pas dit son dernier mot: l'instant d'après, il enlève une
oie dans la cour de la ferme, malgré les cris, les coups de
pierre, voire malgré les coups de fusil.

Faute de mieux, il déjeune d'un hérisson, d'une
omelette d'œufs de caille ou de perdrix, de reptiles, de
grenouilles, de mulots, de taupes; il cueille, le long des
haies, les baies de la ronce, dans les vignes les raisins;
sous les arbres fruitiers, il ramasse les pommes et les poires
pourries, et celles-là seulement.

On dit même que s'il succombe de
besoin, il mange de la terre, pour
tromper la faim. C'est une erreur
à relever. La terre qu'on a
trouvée quelquefois dans l'estomac du loup tenait aux racines, ou au « carnage » qu'il
avait dévorés tout souillés de
glaise, de poussière ou de boue.

Au bois, il surprend le chevreuil
à la reposée, le lièvre au gîte, le renard et le blaireau endormis au soleil,
à la gueule du terrier. Il guette la laie
à sa bauge; mais il ne l'attaque pas :
c'est aux marcassins qu'il en veut.

Il y a des loups de bien des couleurs. Il en est de
noirs, de couleur nankin et de blancs. Le loup noir est
un loup ordinaire atteint de mélanisme, comme qui
dirait de la maladie du noir. Le loup blanc, si connu, est un
albinos ou un vieillard, car il faut se garder de croire que
seul le chocolat Menier ait le triste privilége de blanchir
en vieillissant. « Jeune loup gris, vieux loup blanc », dit
le proverbe. Quant aux loups nankin, cherchez vous-
même la raison de la coloration. Pour ce qui est de moi,
je donne ma langue au chat.

« On doit admettre (c'est Cuvier qui parle), qu'en
général aucun animal n'est privé de la faculté de s'apprivoiser et n'a un caractére intraitable. Si donc, quelques
individus refusent longtemps de s'adoucir, c'est que le
sentiment de la défiance, propre à tous les animaux, et qui
est un des dons les plus précieux que la nature leur ait
accordés, est trop fort pour que le bien qu'on leur fait
puisse être facilement senti par eux; mais jamais leur
férocité n'est absolue. »

Le loup ne fait pas exception à cette règle générale : il
se prive facilement, s'attache à son maître et devient docile
et familier.

Naturalistes anciens et modernes, d'accord sur ce
point, relèvent en leurs écrits plus d'un
trait à l'honneur du loup. La relation
suivante de la vie et de la mort d'un
loup bisontin et d'une louve morvandelle, n'est pas pour infirmer le
bon témoignage que les auteurs ont
rendu des loups, de leur fidélité et de
leur douceur.

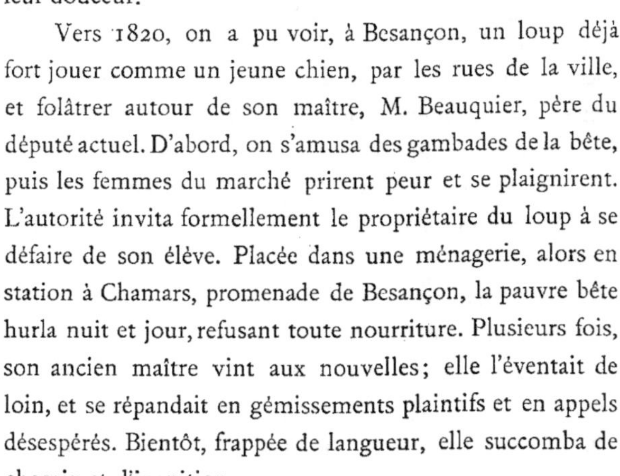

Vers 1820, on a pu voir, à Besançon, un loup déjà
fort jouer comme un jeune chien, par les rues de la ville,
et folâtrer autour de son maître, M. Beauquier, père du
député actuel. D'abord, on s'amusa des gambades de la bête,
puis les femmes du marché prirent peur et se plaignirent.
L'autorité invita formellement le propriétaire du loup à se
défaire de son élève. Placée dans une ménagerie, alors en
station à Chamars, promenade de Besançon, la pauvre bête
hurla nuit et jour, refusant toute nourriture. Plusieurs fois,
son ancien maître vint aux nouvelles ; elle l'éventait de
loin, et se répandait en gémissements plaintifs et en appels
désespérés. Bientôt, frappée de langueur, elle succomba de
chagrin et d'inanition.

Une louve, élevée en Morvan, par le docteur Lemoine,
de Château-Chinon, et donnée au Muséum d'histoire naturelle, supporta sa captivité avec plus de philosophie. Il y a
de cela une trentaine d'années.

Prise au piége, ès forêts de Faubouloin, cette louve,
d'un naturel enjoué, ne perdit rien, en vieillissant, de l'aménité de son caractère. Mes camarades, sinon moi, ont fait de
bonnes parties avec elle. Fort aimante,
elle s'était éprise d'un vieux coq de la
basse-cour qui lui tint lieu de Mentor et
de consolateur. Quand elle prit la route
de l'exil, ce fut avec ce fidèle ami d'enfance. Elle mourut frappée d'apoplexie,
et fut regrettée de ses gardiens, envers
lesquels elle n'avait jamais péché que
par excès de tendresse et d'obséquio-
sité.

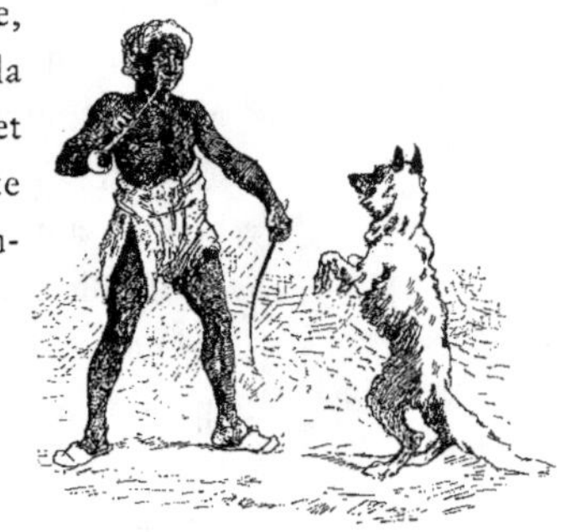

Le loup, si calomnié, sait se plier à la discipline. On
le dresse à la poursuite de tout gibier, et (merveilleux effet
d'une forte éducation), il renonce à « hurler avec les
loups » et consent, bien qu'à regret, à leur donner la
chasse. A Chantilly, un des piqueurs du prince de Condé
fit d'un loup son limier favori. Plus récemment, en 1858, un
veneur du département de la Dordogne eut, dans son équi-
page, une louve noire qui chassait le lièvre avec ses chiens.

Enfin, au dire de Chardin, en Orient et surtout en Perse, on se sert des loups pour les spectacles; on les exerce à danser et à lutter courtoisement avec les bateleurs. Un loup suffisamment versé dans la pratique de ces arts d'agrément ne se vend pas moins de cinq cents écus. Ici même, en plein Paris, il y a des loups savants. Voici ce que je relève dans le journal le *Matin* du 4 novembre 1888.

« Les quatorze loups russes, aux débuts desquels
« M. Franconi avait convié la Presse hier soir, au Cirque-
« d'Hiver, ont obtenu un très grand succès. Ils font les
« beaux, sautent des barrières, escaladent des échelles,
« comme de simples caniches admirablement dressés. »

Quelle bizarrerie! Quelle singulière contradiction! Le loup est d'un commerce facile, fin en son intelligence, sûr en son instinct, de bonne compagnie à ses heures, et l'homme, loin de lui tendre la main, le « regarde en loup », en fait un paria, le traite en révolté, et le signale, en tous lieux, comme l'ennemi né de la société. D'où vient tant de haine et pourquoi tant de colères?

C'est que, voyez-vous, c'est le loup qui a commencé. Que lui demandait l'homme? Paix et tranquillité! Comment a-t-il répondu à ces intentions pacifiques? par le vol qualifié et par l'assassinat. Je n'invente rien, jugez vous-même.

Lisez le journal « d'un bourgeois de Paris. » En septembre 1437, entre Montmartre et la porte Saint-Antoine les loups « estranglèrent et mangèrent quatorze personnes que grands, que petits . » Plus près de nous, en 1850, le porteur de contraintes de Sarran-Colin (Hautes-Pyrénées) est mangé; mangés aussi deux voyageurs à Saint-Girons (Ardèche). En 1851, dans un village de Bretagne, une louve furieuse attaque soixante-trois personnes. Est-il étonnant qu'après tant de méfaits, l'homme fasse au loup une guerre d'extermination?

Harlou! Harlou! guerre au loup! et pas de quartier.

> Le grand vieil loup et la louve nuisante
> L'homme ne doit abattre seulement,
> Mais aussi doit la race si meschante
> Des louveteaux estaindre entièrement.

En vous quittant, ami lecteur, je vous laisse à méditer ces conseils.

4

Les fouines mangent–elles vos pigeons? Mettez têtes et queues de loups à l'entrée du colombier, les bêtes puantes s'en écarteront.

Craignez-vous pour vos moutons? Dites avec ferveur la patenôtre du loup.

La voici : « Au nom du Père, du Fils et du Saint-Esprit, loups et louves, je vous conjure et charme, je vous conjure au nom de la très sainte, et sursainte comme Notre–Dame fut enceinte, que vous n'ayez à prendre, ni écarter aucune des bêtes de mon troupeau, soit agneaux, soit brebis, soit moutons, ni leur faire aucun mal. »

Votre petite fille est-elle sujette aux convulsions. Un collier de dents de loups la tirera d'affaire.

Est-elle atteinte du muguet, cette fièvre aphteuse des enfants. Laissez là le miel rosat et donnez-lui à téter le sein d'une femme qui ait allaité un loup.

Rien n'est plus simple, comme vous voyez!

Voulez-vous votre fils fort, brave et belliqueux? Chaussez-le de souliers de peau de loup.

Désirez-vous enfin être sans peur, comme vous êtes sans reproche? Portez en amulette la dent et l'œil droit séché d'un loup.

Si démodés qu'ils puissent sembler, ces préceptes n'en sont pas moins bons à suivre, à ce qu'il paraît. Je leur trouve, il est vrai, un défaut capital : c'est de n'être point nés tous en terre morvandelle.

J'en ai fini, lecteur, vivez en joie et buvez frais, et Dieu vous garde des loups, des méchants et des sots.

Michelet

LE RENARD

ENARD! Renard! Rusé compére, il n'est homme si
roué qui ne trouve son maître, bête si maligne, qui
ne se laisse une fois prendre en défaut. Ta fin est proche.
La poudre est broyée; le plomb est fondu; le piége amorcé;
le poison tout prêt. Un jour, ou un soir, une nuit peut-
être, au clair de la lune ou en plein midi, tu expieras tes
forfaits.

Tous les renards se ressemblent par la forme du
corps; ceux-ci sont plus élancés, ceux-là un peu plus hauts
sur pattes; voilà tout. En revanche, la robe de ces carnassiers digitigrades diffère à l'infini, en raison des croise-
ments entre individus de variétés diverses. Chez les uns,

elle est d'un roux clair qui s'argente avec l'âge; chez les autres d'un roux plus ardent, plaqué de bleu cendré et relevé de noir sur le dos et au poitrail. Ces derniers abondent dans les bois du Nivernais et en Saône-et-Loire; ce sont les renards charbonniers. Ils portent, en signe particulier, au bout de la queue, non point aigrette blanche, comme les autres, mais plumet noir. De plus, ils ne se terrent point volontiers, même après une longue poursuite; et la femelle ne met jamais bas dans un terrier. Elle fait ses couches en plein fourré, sous une pile de fagots ou dans le creux d'un arbre vermoulu. Le renard fauve, au contraire, se terre bientôt, pour peu qu'il soit mené rondement. Sa femelle dépose toujours ses petits dans la demeure souterraine qu'elle a eu soin de se creuser en un sol déclive, bien sec, et parfaitement gardé des inondations.

La renarde craint ses peines; elle aime la besogne faite. Aussi, ne manque-t-elle pas, à l'occasion, de s'emparer, par ruse, du domicile spacieux du blaireau. En ce vaste édifice, elle est sûre d'avoir ses coudées franches et de pouvoir prendre ses aises. A défaut, elle se contente d'un terrier de lapin qu'elle élargit et aménage à sa guise. Au besoin, elle se loge en quelque profonde crevasse de rocher. Beaucoup de lieux en mon pays (c'est le Morvan, ne vous déplaise) sont dits « La roche du renard ». Enfin, si elle est réduite « à faire du neuf », son premier soin est d'installer

à la gueule de son trou un observatoire, d'où elle épie au
dehors : c'est « la maire », pour l'appeler par son nom. Un
peu plus loin, se trouve la « fosse » où sont servis les
repas. O... accède à cette salle à manger et on en sort par
deux issues. Enfin, tout au fond, est placé « l'accul » qui
tient lieu de chambre à coucher.

C'est là que, chaque année, la renarde met au monde,
en avril ou en mai, trois petits, quelquefois quatre, rarement cinq. Ils naissent les yeux fermés et ne les ouvrent
que le dixième jour.

Délivrée, elle allaite les jeunes jusqu'au mois de juin.
A cette époque, elle les sèvre.

Depuis que les renardeaux ne sont plus au régime
lacté, c'est le père qui entretient le garde-manger; il procure
la nourriture que la mère, plus spéciale-
ment chargée de l'ad-
ministration du dedans,
distribue à chacun. Le
repas fait, viennent
les luttes et
les bousculades au soleil, s'il y en a; puis, les occupations
plus sérieuses, et l'apprentissage de toutes les variétés de

vol, depuis le vol simple jusqu'au vol qualifié. Enfin, quand les petits sont devenus forts et qu'ils connaissent suffisamment les finesses du répertoire, la mère leur rabat le gibier. Sont-ils eux-mêmes chassés? elle se dévoue pour donner le change. En temps de siége, alors que l'implacable ennemi a muré les portes, et que la famine est dans la place, sublime et dernier témoignage d'amour maternel! la renarde se donne en pâture aux assiégés et se laisse dévorer vive par ses enfants.

Le renard a l'odorat aussi fin que le loup, l'ouïe plus paresseuse et le sommeil moins léger. Quand il dort en rond, comme le chien, ou lorsqu'il fait la sieste, couché sur le ventre, on l'approche assez facilement, sans lui donner l'éveil. Il est plus leste que le loup sans être aussi infatigable. On le dit plus rusé et plus ingénieux pour se dérober au danger. Je ne partage point cette opinion. La chasse au renard, en effet, est le délassement des mazettes, comme on dit; elle ne demande ni grand'peine ni beaucoup de science. Qui oserait en dire autant de la chasse au loup?

D'un naturel dissimulé et perfide, le renard agit de ruse pour happer la bête écartée. Il quête, nez au vent, au petit pas, avec une extrême circonspection, profite des fortes brises pour trouver les perdrix blotties et surprendre la caille au nid. Il bondit sur sa proie vivante avec une merveilleuse adresse et une rapidité foudroyante. Pillard par instinct, cruel par plaisir, de jour, il tue pour emporter; de nuit, il tue pour tuer, égorgeant jusqu'à la dernière les volailles du poulailler, et rangeant ses victimes avec méthode, pour les enlever à loisir, en cas de besoin. A défaut de volaille et de gibier, il croque les crapauds, les hannetons, les sauterelles; cueille les raisins, les fraises, les framboises; en temps de disette, il ronge les racines. Souvent, on le voit rôder autour des étangs, le long des cours d'eau; il y gobe les grenouilles au moment du frai, les poules d'eau et les canes à l'époque de la ponte. On dit même qu'il pêche le poisson, et, chose plus curieuse! qu'il attrape les écrevisses au moyen de sa queue. Il plongerait dans l'eau cet appendice et le retirerait vivement quand le crustacé y a mordu. « Zuze un peu! » Très friand de miel, il s'attaque aux nids de guêpes. Harcelé par les défenseurs de la ruche, percé de mille dards, il se roule pour écraser ces ennemis ailés, revient à la charge, s'acharne, les lasse par son obstination et finit par s'empa-

rer du butin. Trouve-t-il en chemin un hérisson, il tâche à
le surprendre. Si la bête se met en boule, de sa patte il la
retourne sur le dos, lui urine abondamment sur le corps,
jusqu'à ce que, suffoquée, elle se déroule et devienne ainsi
une proie facile.

Le renard chasse la nuit presque entière et une partie
du jour. Il sort vers le soir, fouille les buissons et les haies
vives pour y surprendre les oiseaux endormis; se poste à
l'affût dans la garenne, ou au bord du bois, à la passée du
lièvre. Il chasse à la voix, pendant les nuits où la lune
éclaire, et fait entendre un aboiement grêle, il est vrai,
mais qui dénote une certaine souplesse dans les organes
vocaux. Pour cette chasse nocturne, il s'assure le concours
d'un compère; l'un poursuit, l'autre attend; il est rare
que le succès ne couronne pas l'entreprise de cette société
coopérative.

Il a plus d'effronterie que de courage, et si on le voit,
avec une rare audace, enlever, au milieu des gens, les
poules qui se reposent, je n'ai jamais entendu dire qu'il se
fût attaqué aux animaux qui pouvaient lui résister. Mais il a
la dent tenace et il lâche difficilement sa proie.

Je trouve qu'on exagère à plaisir sa finesse. On ne
prête qu'aux riches, à la vérité, et je suis le premier à
reconnaître que la cervelle matoise de ce rusé coquin est
féconde en stratagèmes de toutes sortes. Bien qu'il ait plus

d'un tour en son sac,
j'estime toutefois qu'on
lui attribue plus d'ingé-
niosité qu'il n'en a réelle-
ment. Tout le monde a
ouï-dire que, parmi les
animaux, le renard n'a-
vait pas son pareil pour
se débarrasser des puces
qui le tourmentent. On
raconte qu'après avoir pris

en sa gueule un tampon de mousse, il plonge dans l'eau
d'abord le bout de sa queue, puis la queue tout entière,
doucement et par degré, pour donner aux parasites le
temps de fuir l'inondation. Peu à peu, c'est la croupe
qu'il immerge, ensuite et progressivement les reins, les
épaules, le cou, la tête, jusqu'à ce qu'on ne voie plus au-
dessus de l'eau qu'une pe-
tite truffe noire, couronnée
de mousse, c'est le bout
du museau, surmonté du
piège à puces. Quand le
renard suppose que le
plus grand nombre des in-
sectes s'y est réfugié, il

ouvre la gueule, laisse flotter la mousse, plonge et tire au large entre deux eaux.

Cette histoire traîne partout, et cependant personne, que je sache, n'a assisté à l'ingénieux manège. Le mieux est donc, je crois, de mettre au rang des fables cette légende populaire.

N'est-ce pas aussi aller bien loin que d'attribuer au renard la faculté de fasciner sa proie? D'aucuns pourtant vous content, de bonne foi, qu'il attire en sa gueule, par la puissance de son regard, maintes innocentes palombes. Pourquoi, s'il possède ce coup d'œil fascinateur, n'en use-t-il pas contre les mésanges, les fauvettes, les rouges-gorges, les merles, les pies, les corbeaux, contre les geais surtout qui, sous bois et même en plaine, poursuivent de leurs cris injurieux l'ennemi qui trottine devant eux, et l'approchent de si près que, de leur bec, ils lui piquent les reins? Pourquoi fuit-il ainsi, gagnant le plus épais du fourré, honteux, la queue et l'oreille basses, cherchant à se soustraire au feu croisé des quolibets de la gent emplumée? C'est qu'il n'a pas confiance en ses passes magnétiques!

J'ai lu dans bien des livres que le renard, privé de sa

liberté, languissait bientôt et ne tardait pas à mourir. Je ne
sais ce que cette assertion peut avoir d'exact appliquée aux
renards capturés adultes; mais j'affirme, pour l'avoir vu
plus d'une fois, que les renards réduits, dès le bas âge, en
captivité, en ont bientôt pris leur parti, et qu'ils paraissent se soucier de l'indépendance comme un poisson
d'une pomme.

J'ai eu pour ami d'enfance un renardeau qui répondait
au nom de Fracasse. Fracasse devint renard et vécut
jusqu'à un âge avancé (treize ans, si j'ai bonne mémoire),
toujours heureux, le paraissant du moins, câlin, caressant,
docile même et obéissant, dans une certaine mesure. —
Fracasse était né en Mont-Athée, petit bois couronnant
une des collines qui entourent le bourg d'Anost (Saône-et-
Loire). Il y avait été pris au terrier par le vieux Malterre,
ancien ouvrier plâtrier, devenu factotum et piqueur d'un
de mes parents, l'ex-notaire Auguste Baron, qui fut grand
chasseur en son temps. Fracasse allait, venait, familier avec
les gens, respectueux envers les chiens de la maison, au
milieu desquels il coucha, nombre d'années, sans que
jamais la moindre dispute ait troublé le silence du chenil.
Fracasse était âgé de trois ans quand je le quittai pour la
première fois; nous nous fîmes des adieux fort tendres.
Quand je le revis, deux ans après, il était enchaîné. Il
paraît qu'avec l'âge s'étaient réveillés ses mauvais ins-

tincts : en un seul jour, il avait tordu le cou à onze canards et à trois poules. Sa mort avait été décidée. Il dut la vie à l'éducateur de sa jeunesse, au vieux Malterre, qui parvint à faire commuer la peine. Fracasse passa le restant de son existence rivé à une chaîne longue de quatre mètres. Il habitait, de jour, un réduit creusé sous le perron. Chaque soir, il était conduit au chenil, sous bonne escorte.

La perte de la liberté ne lui aigrit pas le caractère. Il conserva son affabilité et son sourire accueillant; car il riait, Fracasse, il souriait des yeux et des lèvres, d'une manière fort touchante, à tout ami qui s'approchait pour le caresser.

Il faut croire que l'instinct de rapine de certains animaux est indestructible. Ni le fouet, ni la bastonnade, ni les rigueurs du régime cellulaire n'émoussèrent le goût inné de Fracasse pour le larcin :

il demeura voleur. Si, d'aventure, quelque volaille passait à portée, elle était prise et mise à mort sur-le-champ. Le coquin connaissait à un centimètre près la longueur de sa chaîne; il ne risquait jamais un bond inutile, jouant toujours à coup sûr. Il eut une fin tragique. Un dogue, qui avait franchi la clôture, l'étrangla un beau matin.

Le renard est le plus redoutable de tous les braconniers; aussi lui fait-on la guerre par tous les moyens.

Au fusil! Paf... on le raccourcit, comme on dit; on le blesse ou on le manque. S'il est tué! paix à ses cendres! S'il est blessé! tant mieux! car il en peut crever. S'il est manqué! on le repincera. N'y a-t-il pas la traque, le poison, les pièges? N'y a-t-il pas l'affût, le déterrage et l'enfumage? L'affût! Quel affût? L'affût au terrier? L'affût au passage? L'affût à la traînée? L'affût au carnage? L'affût à l'appât vivant? Il y a des affûts de dix sortes. Le meilleur est celui où l'on ne va point. L'affût à l'appât vivant offre pourtant plus d'un attrait; il ménage aussi quelques déceptions. On le pratique de nuit, par un beau clair de lune.

Je me rappelle y avoir passé toute une soirée pleine d'émotions. Je m'étais posté à la lisière du bois de la Corveau, près de Château-Chinon, le dos au taillis et la face du côté d'un pré à herbe rase et au sol bien en pente. A quinze pas de moi, en un lieu éclairé, j'avais solidement attaché à un pieu une poule vivante. De temps à autre, à l'aide d'une longue ficelle, j'exerçais sur l'infortuné volatile une traction assez vigoureuse pour lui arracher des cris de douleur. Au bout d'un instant, le renard était là; mais, la bête madrée se tenait sur la réserve. Pendant plus d'une heure, je l'entendis battre l'estrade tout près de moi; dix fois. elle s'arrêta derrière mon dos, à portée de la main. Fatigué d'une vaine attente, j'allais quitter la partie, quand, soudain, par le travers du pré, j'aperçus mon coquin se dirigeant à toute vitesse sur l'appât. J'ajustai posément; le coup partit... et quand j'arrivai sur la place pour juger de l'effet produit, la poule, criblée de plombs, expirait... le renard avait disparu.

Écoutez nos bassets. Ils mènent grand tapage à la gueule des terriers. Hardi! les gars! La bête est là. Pioches et bêches pour la terre, pinces pour le roc, cognées pour les racines, entrent en danse et répètent leurs coups jusqu'à

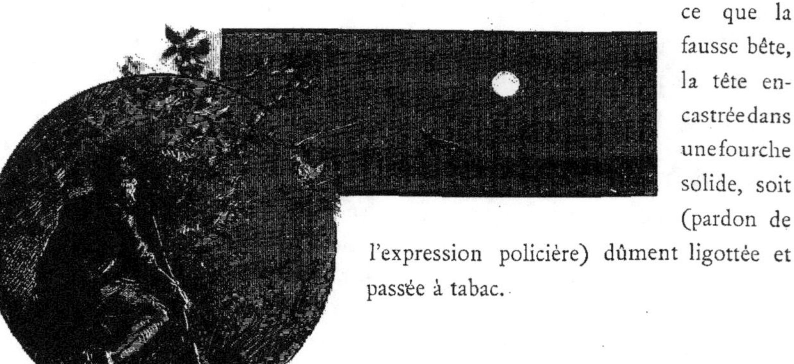

ce que la fausse bête, la tête encastrée dans une fourche solide, soit (pardon de l'expression policière) dûment ligottée et passée à tabac.

Aimez-vous l'enfumage? Autre antienne!

Bouchez-moi d'abord toutes les gueules du terrier, sauf une; c'est par celle-là que vous introduirez une mèche soufrée aussi avant que possible. A défaut de mèche, allumez à l'ouverture un feu de fougères et de genévrier vert, et poussez-moi la fumée au fond, en éventant à grands coups de chapeau. Quand vous supposez que la dose est suffisante, vous fermez cette dernière ouverture et vous attendez le lendemain. D'ordinaire, vous trouvez l'animal asphyxié à l'une des gueules du terrier. J'ai ouï-dire que certains raffinés employaient, pour enfumer les renards, un procédé fort original. Il consiste à lâcher dans l'ouverture qu'on a laissée libre une demi-douzaine de gros rats, bien éveillés, à la queue desquels on a fixé une mèche soufrée qu'on allume au bon moment. L'ennemi, une fois dans la place, on bouche hermétiquement l'ouverture, et le tour est joué.

Renard, renard, rusé compère, il n'est homme si roué qui ne trouve son maître, bête si maligne qui ne se laisse une fois prendre en défaut. Ta fin est proche. La poudre est broyée, le plomb est fondu, le piège amorcé, le poison tout prêt. Un jour ou un soir, une nuit peut-être, au clair de la lune ou en plein midi, tu expieras tes forfaits. Et comme tu as le front plat, le regard fuyant, l'air hypocrite et gouailleur; comme tu ne crois à rien, tu mourras dans l'impénitence finale, et seras enfumé, toute ta vie d'outre-tombe.

LE BLAIREAU

LE BLAIREAU

On a souvent dit du blaireau ou taisson qu'il est un ours en miniature. Il emprunte, en effet, du petit ours une démarche assez gauche. Il semble alourdi par une obésité bourgeoise, plus apparente que réelle, et due plutôt à la longueur des poils qu'à l'ampleur des formes. Quoi qu'il en soit, le blaireau ne paie pas de mine; s'il est un ours, il est, assurément, un ours mal léché, sujet à la vermine et fréquemment galeux.

Au nombre des imperfections qui accablent ce

malheureux être, il en est une capable, à elle seule, de couler un blaireau. Doit-on le dire? Il a une queue courte (15 vertèbres) et peu décorative; et, sous cette queue, déjà ridicule, — très peu au-dessus de l'endroit précis où la veste finit et où l'habit commence, — se trouve une pochette, à orifice transversal, qui distille une liqueur grasse et fétide, dont le blaireau se régale à ses heures. Des goûts et des couleurs,... vous savez le reste.

Eh bien! cet être-là naît, vit et meurt — j'allais dire : « comme tout le monde ». Il faut dire : « mieux que beaucoup de gens ».

Il naît, mon Dieu! oui! il naît comme tout le monde, à cette différence près, tout à son avantage, qu'on ne tire pas de coups de fusil pour fêter sa venue, tandis que nous, raffinés, nous annonçons la naissance à grand renfort de pétards et d'artifices à bon marché.

Il vit en casanier; c'est vrai! dans un trou; d'accord! C'est d'un sage. Le monde est si méchant!

Il meurt — souvent mieux que nous — de vieillesse, — après avoir bien et honorablement vécu, — ou au feu, faisant face à l'ennemi.

Où et quand naît-il? Où? dans un trou, sous terre; mais, dans un trou d'une irréprochable propreté, spacieux, bien aménagé, auquel on accède par un long couloir, creusé de mains de blaireau, oblique, coudé, tortueux, facile à

défendre. C'est l'antichambre! Au bout, une grande pièce,
« le donjon », aérée par plusieurs couloirs de 7 à 10 mètres
de long, débouchant sur le flanc de la colline boisée, du
côté le plus exposé au soleil. — Nulle trace de salle à
manger! Non que les blaireaux vivent de l'air du temps!
Ils mangent dehors; voilà tout! par hygiène, et surtout par
un amour inné, et peut-être exagéré, de la propreté du chez
soi. — Encore plus loin, bien plus loin même, en un lieu
exigu et ténébreux, où la mère prévoyante conduit ses
petits dès leur âge le plus tendre, se trouvent les « indis-
pensables ». — Certains chasseurs disent, pour l'avoir
expérimenté, qu'il faut se garder, autant que possible, de
débrider un terrier par ce côté. — C'est une question de
flair, et, quand on l'a résolue, il est toujours trop tard.

C'est dans le principal réduit du souterrain, dans le
donjon, qu'à la fin de février ou au commencement de
mars, la blairelle met au monde ses deux, trois ou quatre
petits. Ils y naissent sur un lit de mousse, de fougères
sèches et de paille, que la mère y a fait, au prix de longues
fatigues. — On dit que, lorsque le temps presse,
et qu'elle sent qu'il fuat faire vite, elle ramasse à la hâte, entre ses quatre
pattes, sa provision d'herbes et de
fougères sèches, se couche sur le dos
et se fait, ainsi, traîner par la queue,

7

jusqu'à son terrier, par son indolent époux. Cela fait, ce mâle égoïste laisse sa femelle vaquer à ses occupations maternelles, seule en son gîte; et il élit un autre domicile, sans se soucier du reste.

Quant aux blaireautins, chaudement, douillettement installés sur le lit moelleux qu'on leur a préparé, ils puisent, indifféremment, aux six mamelles de leur mère, un lait bienfaisant. Ils en usent et en abusent, car ils se font allaiter pendant un très long temps, et la jeune famille ne quitte le giron que vers la fin de la première année.

Et c'est au printemps qu'ils naissent, ces heureux parmi les déshérités. Si bien qu'aussitôt qu'ils peuvent se traîner sur leurs petites jambes velues (c'est au bout de trois ou quatre semaines) ils sont conduits, par la nourrice qui guide leurs premiers pas, à l'orifice du terrier. Ils s'y  familiarisent avec la lumière du jour, les senteurs du bois et la chaleur du soleil.

Alors se fait le sevrage et commence « le jeune âge » de ces petits. A dater de ce moment, on peut les voir, chaque fois que le temps le permet, s'essayer à la vie, tout près du terrier.

Ils sont là, sur le terre-plein de leur manoir, pelotonnés les uns contre les autres, se poussant du museau, pendant que la mère cherche, aux environs, la nourriture qui convient à leurs jeunes estomacs. Ce sont des baies, des fruits, des racines qu'elle leur apporte, des larves de hannetons, des vers de terre, des sauterelles, des lézards, des serpents; nourriture graduée, méthodique, autant que le permettent la saison, le temps qu'il fait, l'abondance ou la rareté des produits, et surtout l'esprit d'invention et la chance de la pourvoyeuse.

Puis les menus deviennent plus substantiels. Aux fruits, aux larves, aux reptiles, succèdent les mulots, les lapereaux arrachés aux rabouillères. Nourriture échauffante, s'il en fût! La mère, toujours attentive, en détruit les fâcheux effets en administrant à ses petits le couvain des nids de guêpes qu'elle déterre, laxatif agréable à prendre et d'une action rapide et certaine.

Vous m'entendez bien : si la ménagère, qui pense à tout, conduit ainsi ses enfants au dehors, si elle les y laisse complaisamment, samment, c'est qu'elle a son idée.

Elle évite, par cette collation en plein air, qu'elle offre à ses petits, la malpropreté de son intérieur. — Les reliefs du festin, ses conséquences naturelles, tout cela reste au dehors, — et chacun revient à sa couchette, bien propre, pour y dormir toute la nuit et les trois quarts du jour, l'estomac satisfait, la conscience tranquille et le ventre libre, avec le contentement du devoir accompli.

Au commencement de l'automne, les blaireautins ne sont déjà plus des enfants, mais des adolescents, se faisant peu à peu à une existence moins dépendante, s'habituant à chercher eux-mêmes la nourriture de chaque jour aux alentours du terrier. Leurs instincts se développent, leur caractère s'accuse, leurs forces s'accroissent; — il le faut; l'hiver approche, et c'est le moment de la séparation.

Ils devront alors (car il est rare que la mère les souffre la deuxième année) quitter la maison où ils sont nés, faire le choix de leur domicile particulier, rechercher un ancien terrier et y habiter en garni, ou bien se mettre dans leurs meubles, se creuser une nouvelle demeure, l'aménager, pour y faire, plus tard, souche de blaireaux.

Maintenant que, mineurs émancipés, ils ont la libre administration de leur personne et de leurs biens, ils se laissent vivre, subissant les défauts qu'ils ont hérités de leurs parents.

Naturellement insociables, ils évitent tout contact

avec leurs voisins. Le père, la mère même deviennent
bientôt pour ces ingrats, dépourvus de tout esprit de famille, des étrangers, des suspects, parfois des ennemis.

Nos jeunes se lèvent tard, se promènent la nuit et se
couchent de grand matin, « à la pique du jour », comme
on dit dans le Morvan. Ainsi font leurs parents, ainsi font-
ils eux-mêmes par atavisme. Paresseux à l'excès, ils
dorment la plupart du temps. Il est si doux de ne rien
faire! Amis d'un doux nonchaloir, ils restent, parfois,
plusieurs jours sans sortir, surtout par les temps de neige,
car ils sont frileux de père en fils.

D'ailleurs, le moyen de ne pas aimer son chez soi,
quand on y a tout sous la main? Quand on peut se nourrir
de sa graisse, sans bourse délier; quand le blaireau n'a qu'à
se baisser pour prendre le nécessaire à l'inépuisable restau-
rant que la nature lui a ouvert sous la queue. Dans les
annales de la chasse, on cite un blaireau qui, se sentant
guetté, est demeuré, de peur d'être pris, quarante-cinq jours
sous un petit pont éboulé, n'ayant d'autre nourriture que
celle que lui fournissait son intarissable source alimentaire.
Quarante-cinq jours! c'est bien long! Aussi, ne fais-je que
citer, sans rien garantir.

Mais, quand le blaireau renonce à cet ordinaire trop
peu varié, il faut le voir à l'œuvre. Quelle ripaille! et
comme il se décarême! — Taupes, grenouilles, scarabées,

écrevisses, crapauds, limaçons, pommes, poires, raisins, maïs, lapins nouveau-nés : tout lui est bon. Ce pillard s'empiffre avec une vertigineuse rapidité, une gloutonnerie sans pareille. En quelques instants, il peut emmagasiner une énorme quantité de nourriture. Aussi, est-il gras à lard.

Voilà la vie au plein air des blaireaux. Que font-ils en captivité? Pris adultes, ils y meurent. Pris tout jeunes, ils s'apprivoisent facilement, deviennent familiers et restent fidèles. J'ai lu qu'on pouvait les dresser à la chasse au lapin, voire à la chasse au renard. On dit même que c'est avec une joie sauvage et avec une animosité très prononcée que le blaireau, dressé pour cette chasse, attaque le renard dans ses derniers retranchements. Le renard est, aux yeux du taisson, l'ennemi héréditaire, l'envahisseur du terrier de famille. Et l'on excuse bien volontiers cette haine, lorsque l'on sait que c'est au moyen d'un stratagème malpropre, décélant, chez celui qui l'emploie, des mœurs toutes germaniques, que le renard fait déguerpir le pacifique blaireau de sa propre demeure, en l'infectant de ses ordures et de son urine.

On a beau faire! les blaireautins, si bien qu'on les ait apprivoisés, regardent toujours d'un œil défiant les chiens de la maison. Quant aux chats, il les exècrent.

L'esprit des chasseurs s'est ingénié à trouver les

moyens de s'emparer du blaireau, par amour de l'art, bien entendu, car la chair de cette bête puante n'est pas un manger délicat. On s'en régale pourtant dans certains pays, en Italie, en Allemagne, surtout. Tout n'est-il pas régal pour des palais voués, de toute éternité, au macaroni ou à la choucroute!

Ce n'est pas non plus pour la valeur de sa peau, tout au plus utile à recouvrir le bissac des bergers, que l'on s'acharne à la poursuite du blaireau.

On le chasse donc par plaisir, et, si j'ose dire, par point d'honneur, car il est difficile à capturer.

On le guette à l'affût; on lui tend des collets, des piéges en fer; on cherche à le tenter par des gobbes empoisonnées; on l'enfume; on le déterre; on le chasse enfin aux chiens courants.

Et voilà la menée qui commence. La bête, mise sur pied à moins d'un kilomètre des terriers, file, file, sans se faire battre, aussi vite que ses courtes jambes le lui permettent. Elle n'a pas fait cent mètres qu'elle est au milieu

des chiens. C'est un ferme roulant, un hallali continuel.
Puis un silence, puis des cris de douleur et de rage : c'est le
blaireau qui griffe et qui mord les chiens avec une singulière adresse et une redoutable énergie. Et cette fuite ou,
pour mieux dire, cette retraite en bon ordre, dans laquelle
l'ennemi rend à l'agresseur coup pour coup, dure depuis
une demi-heure. La bête s'est rapprochée des terriers; elle
veut s'y jeter, après s'être débarrassée des chiens d'un effort
plus énergique. Le terrier a été fermé par une main
traîtresse! C'est l'heure du dernier combat! C'est là qu'il
faut vaincre ou mourir! Alors, le blaireau s'adosse, hagard
et menaçant, et quand, harcelé de toutes parts, menacé du
chasseur qui n'ose tirer dans ce fouillis de bêtes endiablées;
quand, déchiré par les chiens devenus fous de rage, il voit
qu'il faut céder, il se couche sur le dos, se débat encore
dans une lutte héroïque et inégale, et succombe accablé par
le nombre.

LA LOUTRE

LA LOUTRE

Prise jeune, la loutre devient familière comme le chien, câline comme le chat; elle recherche et provoque les caresses de l'homme; elle s'attache à son maître et le sert avec intelligence, fidélité et dévouement. Et on la tue!

Et, bon an mal an, nous mettons à mort, nous autres Français, trois ou quatre mille loutres de tout âge, inconsidérément, tandis que les Chinois, depuis des siècles, et les Anglais, depuis des années, associent ces animaux à leurs plaisirs, les dressent pour la pêche et la chasse au marais! — Pourquoi n'imitons-nous

pas en cela les Célestes et nos voisins d'outre-Manche?
— Par paresse et par insouciance; peut-être aussi pour
d'autres causes! N'est-ce pas que, frappés surtout des
dégâts que commettent les loutres, nous ne considérons
point assez le profit qu'on en pourrait tirer. Puis, nos lois
sont si restrictives, et l'on verbalise chez nous si bien à
tout propos, si souvent hors de saison, qu'il faut être doué
d'une opiniâtreté de mulet pour tenter d'innover en notre
pays. Il faut l'avouer, d'ailleurs, les prétextes ne nous
manquent pas et l'on peut donner maintes bonnes raisons
de l'acharnement que nous mettons à tuer la loutre.

En aucun temps, nul monstre ne fut plus grand des-
tructeur. Ruisseaux, rivières, étangs, lacs, regorgeant de
poissons et d'écrevisses sont appauvris, que dis-je? ruinés,
en quelques jours, par ce bandit de terre ferme et d'eau
claire. Encore faut-il bénir le ciel de ce que la loutre ne
soit pas, à proprement parler, une bête amphibie. Si elle
pouvait demeurer plus longtemps sous l'eau; si sa conformation ne l'obligeait à revenir toutes les trois ou quatre
minutes à la surface, il y a des années que le poisson, s'il
en restait, se vendrait au poids de l'or.

Peut-elle, pour excuser ses déprédations immodérées,
exciper des exigences d'un insatiable appétit? Non! Elle
prend plus de pièces qu'elle n'en peut dévorer. Grisée par
la lutte, entraînée par une folie de carnage, elle tue pour le

plaisir de tuer. Rassasiée, elle
continue de pêcher par amour
de l'art, et, en une nuit, elle
tire de l'eau, pour se divertir,
100 kilogrammes de poisson,
négligeant le fretin, pour donner la préférence aux brochets
de 6 à 8 kilogrammes et aux
anguilles de 4 kilos. Comme
elle est fine gueule, de ces
morceaux de roi, elle mange
le meilleur, laissant sur la rive
le second choix et les déchets.

Quatre pattes palmées
secondent admirablement la
loutre dans ses joutes. De ces
rames inusables, elle pousse,
à travers les eaux, sa course
rapide, dont elle règle les
sinuosités par les flexions
d'une queue cylindrique et
pointue, qu'elle manœuvre
comme un gouvernail.

Si, dans l'onde, elle se
montre d'une merveilleuse

agilité, si elle y chemine en nageant, sans faire aucun bruit, ridant à peine, du bout du nez, la surface, la loutre est moins leste sur le plancher des vaches. L'animal y conserve, il est vrai, ses mouvements ondulatoires, son allure de couleuvre; il s'y retourne encore avec facilité; mais n'y marche que péniblement, procédant par une série de sauts plus ou moins rapides; portant la tête inclinée, tenant le nez au sol, aspirant continuellement à droite et à gauche comme une bête inquiète.

Le hasard m'a permis d'observer une loutre dans une posture assez singulière. Dressée sur ses pieds de derrière, elle dodelinait de la tête, s'inclinait de côté et d'autre, en avant, en arrière, sans perdre l'équilibre, comme pour singer ces prédicateurs de village qui suppléent à la pauvreté du débit par l'abondance du geste.

Méfiante, rusée, sauvage, la loutre aime la vie solitaire. Quelquefois, pourtant, l'âge lui fait perdre son amour de la solitude. Et l'on a vu de vieilles femelles former entre elles une sorte d'association de famille, et pêcher, de conserve, avec les voisines et la marmaille.

La loutre habite exclusivement les eaux douces et, plus spécialement, les ruisseaux aux berges boisées. On la rencontre aussi dans les contrées marécageuses, à proximité des lacs et des grands étangs. Au bord des rivières, elle élit domicile sous les vieux troncs de saules ou au milieu des racines. Si elle a fait sa retraite d'une des cavités creusées sous les berges, l'ouverture en est placée à 50 ou 60 centimètres au-dessous du niveau de l'eau.

Lorsque l'habitation est en terre ferme, ce qui arrive quelquefois, la gueule du terrier est toujours masquée par des touffes d'herbes épaisses.

Ne trouve-t-on pas la loutre même sur les arbres inclinés qui bordent les rives des cours d'eau? C'est là qu'elle se hisse, de ses ongles pointus, lorsque sa demeure souterraine est envahie par la crue. Pendant le jour, elle se gîte parfois au milieu des roseaux épais, mais elle ne se relaisse ainsi dans le fourré qu'attardée à la pêche, quand les premiers rayons du soleil l'ont surprise loin de son refuge accoutumé.

Par les frimas, ne manquez pas de regarder sous les ponts, sous les aqueducs qui reçoivent les eaux courantes ne gelant pas: l'animal s'y retire volontiers. Non que la loutre redoute le froid pour lui-même; mais elle a bon appétit, et, l'hiver, le garde-manger est moins bien avitaillé. Les écrevisses se tiennent au profond de leurs cavernes; les grenouilles se montrent peu; tout le monde aquatique, sans en excepter les rats d'eau, est engourdi et paresseux. C'est le moment où chacun reste chez soi et prend ses quartiers d'hiver. Il faut donc se rabattre sur les nomades, canards, sarcelles, plongeons, oiseaux déréglés, volatiles sans patrie. Elle les attaque en dessous du ventre, les étouffe et les dévore. Quand tout est glacé et qu'il gèle à pierre-fendre, où aller? Que faire? Que poursuivre? La loutre n'est jamais embarrassée, vite elle prend parti et jette son dévolu sur les animaux terrestres. Elle s'accommode de ce régime.

En mars et avril, crapauds, grenouilles et poissons sont en effervescence, alors elle fait chère lie.

Ce n'est point de jour que sort cette bête. Elle ne se montre à la clarté qu'au commencement de l'hiver, et au printemps, avant la fauchaison. On la voit, à cette saison, se gratter au soleil et se débarrasser, à l'air libre, des parasites qu'elle a, pendant le mauvais temps, abrités et nourris dans sa fourrure. Hors ces deux époques, la loutre est noctambule dans l'âme.

Et il faut croire qu'elle est bien pénétrée de cette vérité que, la nuit, tous les chats sont gris, et les loutres invisibles, puisque cet animal, si soupçonneux de jour, paraît, aussitôt le soleil couché, se départir de sa méfiance naturelle. Dès le soir, il se laisse aller inconsidérément, été comme hiver, à des habitudes routinières, se mettant à l'eau à la même place, en ressortant au même endroit, après avoir fait sur la berge son invariable trajet.

Qui m'a dit cela? je l'ai oublié. Je ne l'ai vu de mes

yeux : tenez-le pour certain. J'estime cependant que celui-là qui veut observer peut s'assurer que je dis vrai.

Ne trouve-t-on pas, en effet, trace du passage de la loutre ? Ne reconnaît-on pas sur le terrain détrempé l'empreinte de ses pieds palmés ? Ne perçoit-on pas sur les pierres blanches, éparses le long de la berge, des vestiges odorants ? On peut même dire, avec les veneurs de bonne marque, que ces « épreintes », puisqu'épreintes il y a, sont de couleur noire verdâtre, et qu'elles sont farcies d'arêtes de poissons. J'ajoute, avec aplomb et vérité, que ces excréments sont toujours, à défaut de pierres immaculées, déposés sur une place propre et dégarnie de gazon. Mieux que cela (car il faut procéder par gradation), je surajoute que si, d'aventure, vous soupçonnez, dans un parage, la présence d'une loutre, rien n'est plus simple que de transformer votre doute en certitude. N'y a-t-il pas, sur le bord du ruisseau, de cailloux naturellement appropriés à l'expérience que vous savez ? Cherchez-moi une belle pierre plate, bien blanche ! A la tombée de la nuit, placez-la en

un endroit en vue! Revenez le lendemain! Sur ma foi!
Vous y trouverez la carte de visite de l'animal, s'il
n'est opiniâtrement constipé.

En rivière, la loutre ne peut gagner le poisson de
vitesse; elle le sait et agit de ruse, épouvantant par de
fréquents plongeons sa proie future, et battant l'eau de sa
queue pour affoler ses victimes. Quand la terreur est au
comble, elle furète à travers les racines, inspecte les trous
où elle capture, sans peine, les plus belles pièces.

Dans les viviers, point n'est besoin de subterfuges:
elle fond sur le poisson et l'atteint. Mais, comme elle joue
gros jeu et que, d'un moment à l'autre, le chien de la maison
peut lui souffler au derrière, il lui importe de ne point se
dénoncer. — Aussi, emploie-t-elle, pour venir et s'en
aller, les recettes les plus sûres. Pour entrer et sortir elle
fait jouer tous les ressorts de son esprit et de son corps.
Elle s'approche de la pêcherie en suivant le cours d'un
ruisseau, afin de dissimuler sa trace; — à destination, elle
franchit la berge d'une flexion d'échine, saisit sa proie,
bondit au dehors, d'un nouveau tour de reins, et s'en va,
par où elle est venue, manger sa prise au loin, en quelque
endroit écarté.

Moins prudentes, les jeunes loutres dévorent sur
place le poisson qu'elles ont pris et décèlent ainsi leur présence. Dans tous les cas, qu'elles soient vieilles ou jeunes,

les loutres mangent toujours à terre, près ou loin du théâtre de leurs exploits, jamais à l'eau. En quelque lieu que ce soit, tout poisson pris a les reins cassés près de la queue. C'est la manière de ces terribles braconniers d'eau douce.

En hiver, la loutre peut pêcher sous la glace. Elle sait profiter de la moindre cassure et retrouve avec sûreté les passages par lesquels elle a pénétré. Près des eaux profondes, d'un arbre sur lequel elle s'est perchée, elle guette le poisson, l'aperçoit, s'élance, plonge, le poursuit et le prend en un clin d'œil.

Dans le Morvan et, un peu plus loin, dans la Côte-d'Or, il y a des chasseurs de loutres fort expérimentés.

Aux Maillards, près de Moulins-Engilbert, le garde de M. Duvernois se livre à cette chasse à l'époque où l'on pêche les étangs. Les loutres, dérangées, se retirent dans les ruisseaux avoisinants. C'est à ce moment que notre homme s'équipe en guerre et s'en va chercher fortune, nanti d'une bonne fourche à dents de fer et flanqué de deux braves auxiliaires, le *Loup* et la *Baleine,* chiens moustachus, audacieux, et plongeurs émérites. Jamais de fusil! Un Morvandeau qui se respecte n'abîme pas les bonnes denrées, et les plombs gâtent la peau de l'animal.

Or il faut qu'elle rapporte une « pistole » et un coup de fusil mal placé peut déprécier la marchandise. La fourche est donc la seule arme usitée par le garde des Maillards et il s'en sert en maître homme.

Notre ami a deux rivaux; ils habitent Saulieu et ne sont pas à dédaigner : ce sont les deux frères Imbert, que leur spécialité et leurs succès ont fait autoriser à chasser la loutre en tous temps. De 1871 à 1880, ils ont attaqué cent vingt-trois loutres; sur le nombre, dix seulement ont

échappé. J'ignore si, depuis, ces chasseurs distingués ont
continué leurs prouesses. — Comment opèrent-ils durant
cette période de dix années? — Ils fouillent les ruisseaux
torrentueux, profitant des jours où les eaux sont claires et
basses; l'un porte un fusil, l'autre un trident ou foène.
Cette arme est emmanchée d'un solide bâton de trois
mètres sur lequel le traqueur peut sûrement s'appuyer
pour, d'un bond, franchir la rivière. Deux ou trois chiens,
obéissants, accompagnent les chasseurs.

Quand la loutre plonge, il est facile de suivre le trajet
qu'elle fait, entre deux eaux, aux bulles d'air qui montent
à la surface. Là, où le bouillonnement cesse, paraît le
museau de l'animal. Tué, il coule à fond, et on le retire à
la fourche; manqué, il file rapidement. Il faut courir au gué
et tâcher de l'y arrêter. S'il est porté disparu et que nulle
recherche n'aboutisse, mettez le fusil à la bretelle, la fourche sur l'épaule et sifflez les chiens. Dans deux heures
vous reviendrez et six fois sur dix, la bête, relancée, sera
prise.

Tout cela est bel et bon. On traque la loutre, on la
tourmente et on la tue, parce qu'elle dépeuple nos cours
d'eau. C'est le prétexte, croyez-moi. Et si les dames
n'étaient point si curieuses de porter manchons en fourrure de loutres authentiques, les messieurs d'avoir de
beaux bonnets, et de se chauffer les reins dans de chaudes

pelisses, je vous le dis en vérité, on laisserait les pauvres
loutres pour ce qu'elles sont et l'on n'en voudrait point tant
à leur peau.

LE SANGLIER

LE SANGLIER

« Bonne grand'mère! Ah! si tu savais! je ne me sou-
viens déjà plus de l'histoire de M. Daligand. » Et la bonne
grand'mère feignait de me croire, et elle recommençait
pour la centième fois, avec la même conviction, le même
accent de sincérité, la même patience angélique qui est
l'apanage exclusif des grands parents, cette histoire vraie,
qui me faisait frissonner de la tête aux pieds; car, étant
enfant, j'avais, il faut l'avouer, une peur horrible des
cochons. Or, le héros de l'histoire était un cochon ou
plutôt un sanglier que trente chiens bien décidés avaient

10

amené, tambour battant, des bois de Montreuillon dans la ville même de Château-Chinon (Nièvre).

M. Daligand n'était pour moi que l'accessoire.

« Le 5 décembre 1829, commençait l'excellente chère vieille, sur les trois heures, par un temps de chien, mon enfant, voilà qu'un voyageur faisait sa barbe, dans la chambre d'une auberge, située à l'entrée de la route de Nevers, tout près de la grand'place, à la Porte-d'en-bas, quoi! Il y avait de la neige plein le temps, et le ciel était si sombre que M. Daligand (c'est notre voyageur) avait dû, pour pouvoir se raser, allumer deux chandelles qu'il avait posées sur la cheminée, devant la glace. La chambre était au rez-de-chaussée, un rez-de-chaussée peu élevé, haut comme cela de terre, tiens! » et la grand'mère montrait le vieux siège de paille d'un antique fauteuil qu'on appelait « la bergère ». « Tout à coup, mon enfant, juste au moment où M. Daligand levait la main pour poser le rasoir sur ses joues savonnées, voilà que la fenêtre s'ouvre avec fracas. Les vitres volent en éclats, et un gros énorme sanglier, plein d'écume à la gueule, tout crotté, bondit dans la chambre. Et ce n'est pas tout! Une bande de chiens, couverts de boue et fort en colère, sautent aussi par la fenêtre, cassent tout dans la pièce, se jettent sur le sanglier qui s'enfuit, brisant une porte vitrée. Cette affreuse bête fut assommée dans la cour de l'auberge.

Quant à M. Daligand, pâle comme un mort, il avait, pour se soustraire au danger, grimpé lestement sur son lit. »
De M. Daligand, je me moquais comme d'une guigne, mais, cela est certain, j'allais me coucher, fort

impressionné, et, toute la nuit, j'étais hanté par d'effroyables visions.

La sainte horreur que m'inspiraient cochons et san-

gliers se calma avec l'âge, et, dès mes quinze ans, il ne me
resta plus de ces terreurs d'autrefois qu'une sage circonspection, qui, peu à peu, devint du sang-froid, puis du
courage et presque de l'audace.

Le hasard mit un jour à une rude épreuve cette vertu
de fraîche date, dont je ne manquais pas de tirer vanité
auprès de mes camarades.

C'était en 1861, vers la fin d'octobre; j'avais « une
pièce » de quatorze ans et demi, comme on dit chez nous;
et je promenais, à travers les bois de la Maison-Dieu, un
fusil double à piston et ce premier permis de chasse que
m'avait obtenu ma famille à la faveur d'une déclaration qui
me vieillissait un peu. Je me rendais, sans me presser, au
poste qui m'avait été assigné, en un lieu dit la Souche-
Noire, mettant en joue, chemin faisant, les troncs d'arbres
et les oiseaux qui passaient, pour me faire à la couche de
mon fusil, et caressant, entre temps, avec satisfaction, le
manche d'ivoire d'un petit poignard algérien, long comme
la main, que j'appelais emphatiquement mon couteau de
chasse. Subitement, à dix pas de moi, avant qu'aucun
chien eût donné de la voix, une grosse laie, suivie de six
marcassins déjà forts, sort du fourré, et se met en devoir
de traverser à pas comptés le route, pleine de hautes
herbes, que je suivais. J'ajustai et je pressai la détente; la
bête, comme foudroyée, s'abattit sur place, l'épaule gauche

fracassée. Dégainer, courir sus pour donner le coup
de grâce, fut l'affaire d'un instant.
Mais, je frappai avec un tel emporte-
ment aveugle et en un endroit si
mal choisi que, d'abord, ma lame
arabe se brisa, net au manche, sur
le front de l'animal. Hideuse, les yeux
flamboyants, les soies hérissées, faisant claquer ses mâchoires avec un
bruit effrayant, la laie se relève sur
trois pattes, et me charge, tête baissée. D'un saut de côté, j'évite le premier choc; j'épaule rapidement et

je tire ma seconde balle. Adieu bravoure! ma main
tremblait si fort, il faut croire, qu'à bout portant, je
manquai mon coup. Alors! oh! alors! (de plus âgés en
auraient fait autant peut-être, aussi de plus courageux!)
laissant là mon fusil, je m'accrochai à la première branche,
appelant de toute ma force.

J'étais à peine en cette ridicule posture qu'un coup
de feu retentit sous bois, près de moi; c'était un de
mes cousins, accouru en hâte à travers le taillis, qui
venait d'achever cette bête du diable, juste au pied de
l'arbre que j'avais escaladé.

Quoique la chasse du sanglier ne soit pas, comme

vous voyez, exempte de danger, il faut toutefois se garder d’en faire un objet d’épouvante.

Je sais bien qu’autrefois, pour attaquer cet animal, on se servait de chariots chargés d’arquebusiers, qu’on posait dans les passages pour le tirer; je sais aussi qu’il n’était personne qui osât demeurer à pied « parce que, dit un ancien, le sanglier accourt au bruit et à la voix des gens et fait de cruelles blessures. » On rirait de grand cœur au nez du bon Valmont de Bomare, s’il revenait, aujourd’hui, nous conter ces sornettes. Ceux qui courent les bois, depuis quelque temps, savent que, d’ordinaire, le sanglier s’empresse de rebrousser chemin, quand il vous voit, vous évente ou vous entend. J’en excepte le cas où, grièvement blessé, il est harcelé par les chiens. Alors, il ne dévie pas de sa route, et vous bouscule d’importance s’il vous rencontre sur son passage. Là où il faut se défier surtout, c’est au fourré, quand la bête fait ferme et se défend contre la meute.

En cette occurrence, le sanglier près de ses fins, néglige volontiers les chiens pour courir sus à l’homme. Le piqueur de M. Grandpré. Philizot dit le Guerrier, l’a appris à ses dépens, il y a quelques années. Étant tombé sur le dos, en battant en retraite devant un vieux sanglier, il fut littéralement déshabillé par cette bête furieuse qu’il finit par tuer sur lui à coups de couteau. Trop heureux d’en avoir été quitte lui-même pour quelques contusions sans gravité.

Bien qu'il s'en distingue par plus d'un trait, le sanglier est la véritable souche des cochons domestiques.

Et cependant, que de différences entre le porc et le sanglier, entre la truie et la laie, différences qui se manifestent et dans la conformation de certaines parties du corps, et dans les mœurs, et dans les allures de ces animaux, jusque dans les maladies dont ils sont affectés.

Aux écoutes droites et rigides de la bête sauvage, à son pied ferme, à ses pinces serrées piquant le sol, à sa trace sèche, nette et large, opposez les oreilles souples, molles, inclinées et pendantes de l'animal civilisé, cette semelle tendre du cochon qui laisse des empreintes plus rondes, plus petites et moins arrêtées. Les ergots que portent celui-ci au derrière des jambes sont peu écartés et pointent en terre, les gardes de celui-là, plus grosses, aussi plus distantes, dessinent sur le terrain boueux comme deux portions de croissant. Le sanglier ne se méjuge point; le porc marche à pas inégaux; et tandis que l'un met invariablement le pied de derrière sur le talon et un peu en dehors de celui de devant, l'autre s'en va cahin-caha d'une allure mal ordonnée. La terre est-elle fouillée en sillons droits et profonds, en fusée comme on dit? c'est le « boutis » du sanglier. Est-elle çà et là, à droite et à gauche,

déchirée malproprement et sans méthode? c'est la besogne de son frère dégénéré.

Il n'est pas jusqu'au genre d'alimentation qui ne distingue l'hôte des forêts, du familier de la ferme. Ce dernier, sale en ses appétits, est si gourmand que tout lui est bon; l'autre, au contraire, plus délicat dans le choix de sa nourriture, évite ainsi la ladrerie qui incommode son dégoûtant confrère.

Aux dissemblances qui séparent le porc du sanglier, il faut ajouter certaines singularités qui les distinguent tous les deux des autres quadrupèdes. En règle générale, plus un animal est gros, moins il produit : laies et truies sont pourtant d'une prodigieuse fécondité. De plus, les canines du porc domestique, surtout celles du cochon sauvage, croissent pendant toute la vie, et ni l'un ni l'autre ne perd ses premières dents. Enfin, la graisse est aussi remarquable par sa consistance et sa qualité que par

la position qu'elle occupe dans le corps de ces pachy-
dermes. La graisse de l'homme et des animaux qui n'ont
pas de suif, comme le chien, le cheval, etc., est mêlée
avec la chair, assez également. Le suif dans le bélier, le
bouc, le cerf, etc., ne se trouve qu'aux extrémités, mais le
lard du porc et du sanglier n'est ni mêlé avec leur chair,
ni ramassé aux extrémités, il la recouvre partout, et forme
une couche épaisse distincte et contenue entre la peau et
les muscles.

Au demeurant, le sanglier est une vilaine bête, au
corps épais, au col massif, aux jambes courtes et fortes.
A le voir aussi mastoc, on le croirait lent dans son allure
et maladroit dans ses mouvements; et cependant, fort leste
à la course, il roule comme une boule quand il est poursuivi, et se tourne et se retourne avec autant de brusquerie
que d'agilité. C'est un vaillant, ce rustaud à l'air grognon,
à la lèvre retroussée. On le devine à sa démarche assurée,
à son regard hardi plutôt que provocant, à son petit œil
plein de feu et de malice narquoise.

Il a confiance en lui, non sans raison. N'a-t-il pas une
hure puissante, un front dur comme la pierre, un boutoir
en soc de charrue, des défenses tranchantes, véritables
rasoirs à lame recourbée, une ouïe fine et un odorat
subtil?

N'a-t-il pas, sur tout le corps, un bouclier de cuir

épais, matelassé de laine frisée et garni de ces longs poils noirâtres, si durs et si élastiques; aux épaules, enfin, une armure de soies plus drues encore, à l'épreuve du couteau, et même de la balle? Quand il est irrité, la crinière mobile qu'il porte sur le dos, se lève ou se couche, suivant que sa colère augmente ou décroît, et ses sabots noirs martellent le sol. Il pousse son souffle bruyant par bouffées inégales, secoue par saccades sa tête allongée, mâchonne à vide, fait sonner les unes contre les autres ses douze incisives et ses vingt-huit mâchelières, et repasse, comme sur une pierre à aiguiser, ses deux canines inférieures (qui sont les broches), sur les deux du dessus. Ces dernières s'appellent grés « ce qui a été bien pensé par celui qui a été le parrain » dit de Salnove. — En sa furie, s'il avait la queue longue, le sanglier ne manquerait pas de s'en battre les flancs; malheureusement, est-ce un malheur? il l'a courte (20 centimètres). Il se contente, pour cette raison, je crois, de lui imprimer un frétillement non moins significatif qu'accéléré.

En vénerie, le porc sauvage ne prend le nom de sanglier qu'après qu'il s'est affranchi de la tutelle de sa mère, et qu'il a faussé compagnie à ses frères et sœurs des ultième, pénultième et antépénultième portées. De deux ans et demi à trois ans, notre animal fait, sous le nom de ragot, une manière de surnumérariat : il est aspirant sanglier. A trois ans, le ragot est promu sanglier à son tiers an; à quatre ans, quartanier; à cinq ans, quintannier; à six ans, il est vieux sanglier. Passé cet âge, il devient grand « vieil » sanglier ou solitaire. « Quand ils viennent plus dans l'âge, dit de Salnove, ils ne peuvent plus faire de mal, à cause que leurs deffenses se tournent en trompe, la pointe s'approchant de l'œil, de laquelle ils ne peuvent plus offenser; il n'y a donc que le choc à craindre de ceux-là, car ils ont toujours dessein de mal faire! Ce sont ceux qu'on appelle sangliers mirés; les deffenses n'en sont pas aussi tranchantes, ny si blanches, à cause de leur vieillesse et des pierres et racines qu'ils ont rencontrées toutes les fois qu'ils ont fouillé, vermillé et fait leurs boutis; ce qui leur émousse et leur use les deffenses. »

Il est des sangliers qui, après avoir ainsi passé par tous les grades, atteignent en longueur près de deux mètres, en hauteur pas loin d'un mètre, et en poids 200 kilogrammes, exceptionnellement (en France surtout), 250 kilogrammes. La durée de leur vie est de vingt à vingt-cinq ans.

Au mois de décembre, au plus tard en janvier, tout ce ce monde velu s'*affouche*, comme on dit, et ne fait qu'un troupeau. Alors devant les laies à marier, chaque mâle se pose en prétendant et fait valoir ses avantages. Chacun aussi fourbit ses crocs, aiguise ses broches, prépare ses

armures, pour le coup de torchon décisif qui précède
invariablement le partage et la répartition des lots. Et les
occasions ne manquent pas, dans ces réunions de bêtes
hargneuses, de faire du tumulte, de s'adresser d'injurieux
grognements, et de se donner force coups de boutoir.

Cette période d'agitation passée, et après être demeuré
quelques jours auprès de sa femelle, le mâle s'enfonce
dans le hallier, et cherche un endroit humide pour y élire
domicile. L'emplacement trouvé : comme il fait sa bauge,
il s'y couche. Quant à la laie, elle reste avec les bêtes
rousses et les bêtes de
compagnie (ainsi l'on
nomme les jeu-
nes de moins
de deux ans),
jusqu'au jour
où elle se sent
prête à mettre
bas. C'est vers
la fin de mai.
Elle quitte alors
la troupe et se
retire au milieu

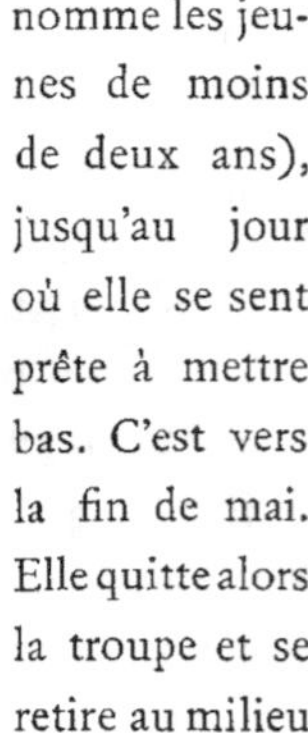

des ronces et des épines, près de quelque mare où elle
puisse se mettre au souil. Durant les premiers jours, la

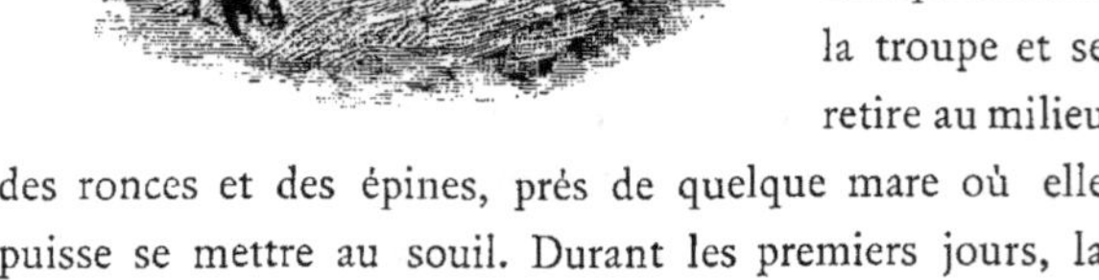

laie fait bonne garde autour de sa douzaine de marcassins. Elle ne les quitte que pour ramasser, aux alentours,
la faîne et le gland de l'an passé, et pour déterrer, là tout
près, les racines et les larves des insectes. Tout occupée
de surveiller l'ennemi qui rôde et d'écarter le loup qui
épie, elle vit de peu et ne mange que pour entretenir son
lait. Que de soucis lui donnent ces petits « téteurs »
si drôlement drapés dans leur limousine rayée!

Cette livrée d'arlequin, bariolée de roux et de brun,
du collet jusqu'aux pans, ils la posent bientôt pour prendre
redingote unie : simple changement de costume qui n'est
point pour eux indice de puberté. Ils subissent d'ailleurs si
peu l'influence de la première culotte, qu'on les voit,
comme si de rien n'était, pendant trois mois encore, se
pendre aux tétines de la mère, comme de vrais marmots
gourmands, et s'accrocher à ces biberons naturels, pendant
que la nourrice marche, aussi bien que lorsqu'elle s'arrête,
quand elle se couche, comme lorsqu'elle est debout. Peu à
peu, pour singer les grands garçons, les marcassins s'écartent, furètent, respirent les émanations de cette terre qu'ils
n'osent ou ne peuvent encore fouiller. Mais à la moindre
alerte, le petit bataillon rallie au drapeau, non sans mu-
sique. Appréhensions du jeune âge! terreurs sans motifs!
que la mère calme d'un grognement rassurant. — Mais,
quand c'est le cri perçant qui retentit dans le fourré, le cri

d'angoisse du petit qui se débat contre le ravisseur, la laie accourt, se rue sur l'agresseur, le roule avec furie, le foule, et le mord à belles dents. A-t-il le dessus, elle lutte jusqu'à la mort. — Débusquée par le chasseur, elle se donne à vue aux chiens, et les entraîne au loin, pour sauver sa progéniture. Le danger passé, elle attend la nuit pour regagner son canton, et s'annonce aux marcassins par des grognements répétés. Si elle a succombé, les petits sont perdus. D'où vient cependant qu'on rencontre dans les bois des laies traînant à leur suite plus de vingt mar-

cassins de taille, de couleur, et partant d'âge différents? C'est qu'une voisine de la défunte, une mère aussi, a recueilli les orphelins et leur a partagé, avec ses propres nourrissons, le lait de ses douze mamelles. Tant il est vrai que la nature a mieux doué que l'homme même, certains animaux réputés immondes qu'il méprise et qu'il tue!

En hiver, les sangliers se tiennent dans les fonds de forêts, faisant leurs nuits et leurs mangeures sous les futaies. A cette époque, ces animaux qui ne se contentent pas de peu, sont obligés de faire de longues traites, pour trouver de quoi se rassasier. La terre est dure, les racines difficiles à extraire, et il faut vermiller toute la nuit pour ramasser, sous le tapis de feuilles mortes, quelques châtaignes oubliées et les fruits tombés des sauvageons. C'est une bonne fortune pour le porc sauvage de découvrir, pendant les froids, une de ces sources, à température constante, près desquelles, été comme hiver, le cresson reste vert et l'herbe abondante; et sa joie est au comble s'il met le nez sur un de ces magasins, bien garnis de noisettes, que les mulots établissent dans la terre.

Un peu en tous temps, il court les pâturages et, en moins de douze heures, vous retourne une prairie de fond en comble. Au printemps et en été, le sanglier s'en va, de buisson en buisson, en touriste intéressé, notant au passage les lieux où il voit les beaux blés verts, où il flaire les bonnes racines de pissenlit, de chiendent, de bassinet, de navet sauvage. En chemin, il s'attaque aux reptiles, même les plus venimeux, attrape les taupes et les souris, dévore quelque charogne, fouille les rabouillères, et détruit les œufs des oiseaux qui ont niché imprudemment trop près du sol. Il est friand de champignons, grand amateur de truffes; il apprécie pois, fèves et lentilles, et, volontiers, il se rend, en famille, dans les champs qui en sont ensemencés. La ripaille se continue dans les blés mûrs; elle s'accuse davantage au milieu des sarrasins bons à couper; elle s'achève, aux vignes, au moment des vendanges. Il mange alors tant de raisin qu'il s'enivre et qu'il cuve sur la place, restant à la bauge, là même où il s'est saoulé. Quand il reprend ses esprits, en ces temps de bombance, et que le grouillement de la vermine lui fait faire un retour sur lui-même, il court à une place à chardon, s'y roule avec frénésie, jusqu'à s'arracher la moitié des soies, espérant ainsi mettre en déroute les parasites qui le dévorent.

Voilà l'automne et bientôt le moment de rentrer au

grand bois. La récolte enlevée, le sanglier glane quelque temps. Puis, avant de se remettre à la *fouge,* c'est-à-dire, au régime des racines de fougère et d'asperges sauvages, il s'emplit de pommes de terre. Enfin, non sans regrets, il quitte les champs, gagne les chênaies, et

s'y bourre de glands, pendant qu'ils sont frais et de bon
suc. Dès lors, il est gras à lard, et a ramassé toute sa
porchaison. Mais tant de nourriture échauffante lui a mis
le feu dans le ventre. Aussi ne fait-il que boire, et que
se vautrer dans la fange et dans l'eau.

Au sortir du bain, il se frotte contre les arbres
voisins, et en écorche le tronc de ses défenses.

Ce n'est pas en automne seulement que les sangliers
recherchent l'eau : ils s'y jettent volontiers en toute saison,
par les plus grands froids comme aux jours de chaleur
intense. Ils nagent avec une telle facilité qu'en voyage, il
n'est aucune rivière, si large qu'elle soit qui puisse les arrêter.

« Pris jeune, dit le docteur Chenu, le sanglier, tout en
conservant la rudesse et
la brusquerie qui lui sont
naturelles, est suscep-
tible de s'apprivoiser;
il caresse à sa manière
celui qui le soigne, re-
connaît assez bien la voix
de son pourvoyeur; mais,
presque toujours, lors-

qu'il est devenu adulte, il reprend ses habitudes, devient
dangereux et on est obligé de le tuer. Nous avons donné
ailleurs, ajoute M. Chenu, des détails sur une laie qui,

prise jeune, fut allaitée par une chienne, à laquelle elle
témoigna longtemps une très grande amitié. Fr. Cuvier
rapporte qu'il a vu de jeunes sangliers auxquels on avait
appris à faire des gesticulations grotesques pour obtenir
quelques friandises. Malgré ce qu'on en a dit, le sanglier
n'est donc pas un animal aussi stupide qu'on le croit en
général. »

Pour ma part, je n'ai jamais considéré le sanglier ni
comme un sot, ni comme un être insociable; et, dans ma
jeunesse, un de mes parents, dont j'ai déjà parlé en un
autre article, m'a mis à même d'apprécier les qualités d'une
jeune laie, élevée dans sa maison, et qui ne dut qu'à sa
propre imprudence de n'y pas mourir de sa belle mort.
Elle s'appelait *Lisette*, si j'ai bonne mémoire, et avait été
prise, toute petite, au milieu des chiens, presque sur le
cadavre de sa mère, abattue d'un coup de feu. *Lisette*,
familière et caressante avec les gens, faisait bon ménage
avec cinq grands chiens courants, *Luminau, Barbouillaud,
Jupiter, Trompette* et *Petite*, d'assez mauvais caractère
cependant. Chose plus curieuse, quand nous gagnions le
bois qui est proche pour y chasser un lièvre, *Lisette* nous
emboîtait le pas, trottinant derrière nous, vermillant au
milieu des chiens en quête, sans se soucier plus d'eux
qu'ils ne s'occupaient d'elle. Elle venait ainsi jusqu'à la lisière
du taillis, et là, invariablement, nous tirait sa révérence,

pour rentrer au logis aussi tranquillement qu'elle en était
venue. *Lisette* vivait dans la maison, depuis trois ans, fort
considérée de chacun, lorsque, par une belle nuit, il lui
prit fantaisie d'essayer son boutoir contre le chambranle
de sa porte. La pesée fut si forte que la pièce de bois, sou-
levée avec violence, céda, entraînant dans sa chute la
porte et un pan de mur.

Bris de clôture, effraction, usage de fausses clefs, la
nuit, dans une maison habitée : tout y était.

Rien que la mort n'était capable d'expier son forfait.

On le lui fit bien voir.

LE CERF

LE CERF

L E cerf de France est, de tous ceux de l'Europe, le plus beau de forme et le plus vigoureux. Voyez ce corps svelte et rebondi, léger et solide à la fois; ces jambes en fuseau, terminées par un pied fourchu aux sabots d'un noir éclatant. Minces et élevées sans être faibles, elles se détendent, à l'occasion, comme de puissants ressorts dont la trempe permet à la bête de courir vite, de bondir haut, et de frapper fort. Regardez cette tête fine, un peu pointue, entée sur un cou saillant, recourbé vers le dos, assez long pour que l'animal broute facilement l'herbe sur le sol et tonde, sans effort, les pousses élevées des arbres; ces narines frémissantes qui éventent de loin; ces oreilles ovales et mobiles, virant à tout vent, comme pour recueillir au passage le moindre bruissement des gaulis ou de la feuillée; cet air à demi sauvage où l'on semble démêler autant de confiance que de crainte; ces grands yeux bruns, à vue perçante, à pupilles allongées transversalement, au regard doux, mais pénétrant et hardi.

C'est ce bel animal que, jadis, les rois seuls eurent le droit de chasser! C'est de cette noble bête que les du Fouilloux, les de Salnove, et autres veneurs illustres, se sont faits les historiographes! Aussi, « tout est dit », sur le cerf, et l'on ne peut que « glaner après les anciens et les habiles d'entre les modernes. » Que dirai-je donc? Ce qui suit : Les cerfs aiment, à n'en pas douter, la société de leurs semblables. Cependant, ils ne consentent point à vivre en commun avec tous leurs congénères indistinctement. Il se fait, entre ces animaux, une manière de sélection, une sorte de triage, à la suite duquel, les biches avec les daguets, les secondes têtes et les porte-six s'en vont d'un côté, pendant que les vieux tirent de l'autre. J'ai toujours pensé que si les cerfs d'âge mûr faisaient ainsi bande à part et ne se mêlaient que très rarement aux hardes des plus jeunes, c'est que l'expérience les avait rendus égoïstes et plus friands de tranquillité que d'amusements. Aussi bien, pour des gens conscients de leur valeur et soucieux de leur dignité, est-il préférable, quand vient l'âge, de se tenir éloignés de ces réunions mondaines, où MM. les daguets papillonnent, font les fats, les coquets, les empressés. Et puis, les allures désordonnées, les va-et-vient incessants de ces éventés, ne sont pas pour plaire aux désenchantés qui cherchent, loin du bruit, dans le recueillement et la solitude, à oublier les amertumes de la vie. Au reste, ne savent-ils pas, ces barbons, retirés sous la futaie, en compagnie de quelques aînés de leur temps, qu'ils n'ont qu'à secouer, au bon moment, le petit bout de leur puissante ramure pour mettre en déroute tous ces muguets, quand ils veulent prendre trop de privautés. — D'ailleurs, vous le voyez, bonnes gens, ce sont des gamins sans autorité et sans consistance. Ils sentent si bien le besoin d'être dominés, qu'ils obéissent aveuglément à la biche la plus âgée de la troupe, vieille duègne qui les mène où elle veut et comme elle l'entend. Regardez-les rentrer au fourré, en file indienne, emboîtant le pas à cette bête de tête, réglant leur marche sur la sienne, s'arrêtant quand elle s'arrête, prêtant l'oreille quand elle écoute, humant l'air à son exemple. Allons! allons! petits, si l'on vous pressait le bout du nez, il en sortirait encore du lait!

Les cerfs changent de demeure plusieurs fois l'an.

Au printemps, de mars en juin (c'est le moment où ils refont leur tête), ils sont tristes et poltrons. Au milieu du jour, ils se tiennent dans les grands forts; tandis que, le matin et le soir, on les trouve dans les taillis coupés d'un an, dans les buissons, sur les ailes des forêts, près de la plaine, à portée des gagnages. Au bois, ils cueillent les chatons des saules et des noisetiers; aux champs, ils saccagent les blés verts, les trèfles et les avoines.

En été, fin juin, en juillet et en août, on les voit, sur le soir, au soleil couchant, quitter le fourré, pour aller tondre les seigles, les pois, les lentilles et les fèves; on les rencontre aussi prenant le frais au bord des ruisseaux. Durant cette période, eu égard à la richesse des gagnages, ils sont gras, dodus et chargés de venaison.

En septembre, le cerf est pris de mélancolie, il chemine la tête basse, le nez en terre, il *muse*, comme on dit, et marche nuit et jour, prenant machinalement sa nourriture là où il passe, et mangeant peu. Puis il devient furieux, renifle, frappe les arbres de ses cornes, le sol de ses pieds. A ce moment, il est inaccessible à la peur, s'élance sur les chiens et bondit sur l'homme même. Enfin, la passion se déclare, elle s'allume, s'avive et le tourmente.

Chaque jour, pendant près de trois semaines, la forêt
retentit de ses cris forts et redoublés. C'est vers le soir qu'il
vient, en bramant, retrouver la harde, là-bas, sous les

grands hêtres. Depuis bien des années, il le connaît, cet
endroit consacré; longtemps encore il y viendra; car le lieu
du rendez-vous ne change pas tant que l'aménagement des
bois reste le même.

Pendant la durée de cette frénésie, les vieux cerfs se

livrent, entre eux, de terribles combats. Ce n'est rien que d'avoir chassé de la harde les freluquets; encore faut-il triompher des rivaux, âgés, hardis, courageux et robustes. Quand deux cerfs d'égale force se rencontrent, en ce temps de folie, ils se précipitent l'un sur l'autre avec une indicible furie et cherchent à se percer de leurs andouillers. Les ramures des champions s'entrelacent parfois et se tiennent si solidement, qu'ils meurent, en cette posture, d'épuisement et de faim, s'ils ne sont dévorés vifs par les loups.

Vingt jours se sont passés, le vieux cerf, le vainqueur, celui-là dont la force et l'adresse ont assuré le triomphe, maigre, décharné, puant le bouc, se retire au fond des forêts et y fait sa société de vieux lutteurs, fourbus comme lui !

Ce n'est pas mince affaire, pour lui, de se remettre à neuf; il suit un régime. Le gland, la faîne, la feuille de ronce, le cresson de fontaine, qui est, comme chacun sait, la santé du corps, font la base de son traitement.

Il visite les champs de choux, de carottes, les regains, les vignes : là, il se gorge de raisin.

Au milieu des bruyères qu'il étête, il se tient à la reposée, à l'abri du vent du nord, recherchant avec soin les pâles rayons du soleil de novembre, qu'il suit, autant dire, pas à pas. Il demeure en ces lieux, même la nuit, tant que

la rigueur des froids de décembre ne le pousse pas au
profond de la futaie.

Dans les grandes hivernées, les vieux cerfs étendent
leur cercle d'amis. Ils se joignent aux hardes des plus
jeunes et des biches et s'enfoncent, avec toute la troupe,
sous le couvert, en quête des sources chaudes et des contrées où abondent le framboisier et le lierre terrestre. Les
jours de disette, chacun ronge l'écorce des arbres et dévore
de la mousse. La nuit, tous, petits et grands, couchés les
uns près des autres, le doyen au milieu, se réchauffent,
autant que possible, à la tiédeur de leurs haleines.

C'est en mai-juin que les bêtes fauves mettent bas
leurs petits: la biche se conforme à la règle. Quand elle sent
le moment venu, discrètement elle quitte la harde, se retire
hors des grands bois pour se cacher dans un épais taillis où
les mouches l'incommoderont moins. Là, elle met au
monde un petit (exceptionnellement
deux). — Une fois que la biche l'a livré
à lui-même, le faon n'est pas en peine
de pourvoir à ses besoins, les faons,
comme la plupart des ruminants,
naissant en état de force assez avancé
pour marcher et remplir, dès le bas
âge, leurs diverses fonctions. Au reste
(et c'est assez pour qu'il prenne gaillar-

dement son parti), ne lui a-t-on pas dit qu'à la Saint-
Martin, s'il était bien sage, il serait biche ou haire, puis
daguet; enfin, que, dans quelques années, il porterait
puissante ramure, comme ces grands parents qu'il cou-
doie, chaque jour, dans la forêt, qu'il contemple avec admi-
ration, et qu'il suit d'un regard d'envie dans leur noble
démarche.

Il ignore, le pauvret, que le bonheur n'est pas de ce
monde, et que peut-être, alors qu'il rêve panaches, le loup
est là qui le guette. Il ignore que, tout petit, la dent du
renard, la griffe du chat sauvage, la formidable mâchoire
du ragot, les serres de l'aigle et du grand-duc l'ont menacé.
Il ne sait pas que demain le taon lui fera de cruelles piqûres,
que la vermine s'établira dans son manteau, que la larve
dévorante se glissera entre sa chair et sa peau, dans ses
naseaux et jusque dans sa bouche; que la dysenterie, la
maladie de foie, le rhumatisme n'attendent que l'occasion
de le tourmenter. De tout cela, il ne sait rien. Insouciant,
il s'en va, foulant la feuille jaunie, broutant, de sa langue
douce, le bouquet de la bruyère, humant la goutte d'eau
sur la branche qui plie, et déjà le son du cor, les cris des
chiens et la voix des piqueurs font retentir les bois et se
répercutent d'écho en écho. C'est la chasse qui commence
et c'est lui qu'on poursuit.

Alors, d'une course folle, il fuit, gagne du terrain,

s'arrête, écoute, et toujours la meute, endiablée et hurlante,

flairant la branche, flairant le sol, s'attache à ses pas. Il repart, revient sur ses traces, embrouille ses voies, va trouver le change : rien n'y fait! Les dix vieux chiens qui le chassent connaissent toutes ses ruses et les déjouent. Il est las, sa marche est incertaine, il se méjuge, il fléchit ; la langue est pendante, l'œil est vitreux. Que faire! il prend la plaine, se jette au travers d'un troupeau qui pâture, descend dans le lit d'un ruisseau, en sort, après y avoir cheminé longuement, et rentre au bois, harassé, les jarrets plus roides. Cependant, dix chiens frais lui courent sus. Il faut bondir encore, trouver l'étang qui est auprès, s'y jeter à corps perdu et gagner, à la nage, la rive opposée. Vaine espérance! Efforts superflus! Le voilà hors de l'eau, perclu, glacé, tremblant sur ses jambes engourdies. Comme il sent que c'est là qu'il doit mourir, il s'arrête, et, sans plus rien tenter pour se soustraire à sa destinée, il enveloppe d'un long regard cette forêt qu'il ne verra plus, et attend, debout, sans faiblesse, la mort qu'il entend venir! Hallali! Piqueurs, la curée!

LE DAIM

14

LE DAIM

Il n'y a pas en France, plus de huit cents daims, tout compris. Bien entendu si l'on ne veut compter que les daims à quatre pattes. Et comme je ne tiens pas à me mettre en frais pour les quelques représentants du genre spécialement attachés aux forêts de Compiègne et de Ram-

bouillet, encore moins pour ceux qu'on élève à
la brochette dans un petit nombre d'établis-
sements particuliers, je ne dirai du daim
que juste ce qu'il faut pour ne point
paraître impoli à son égard.

Les daims de Grèce, de
Moldavie, des pays levantins,
de l'Asie Mineure, de la Perse
et de la Chine, ceux d'Allemagne, d'Angleterre et d'Espagne ont eu ou auront leurs
historiographes. En tout cas,
ce n'est ni ne sera moi.

Je ne décrirai le costume
d'aucuns; j'en demande bien
pardon à la dynastie des daims de
France. Et quand j'aurai dit du daim qu'il est
mauvais voisin, puisqu'il se bat avec le cerf qui vaut
mieux que lui; qu'il est mari jaloux et qu'il tyrannise
ses vingt ou trente épouses; quand j'aurai dit que le
maître daim, après s'être conduit comme un goujat avec
ses femmes, est bientôt, ignominieusement expulsé
par ses cadets, à grands coups de pied quelque part;
j'aurai conscience d'avoir dit de cette bête, tout le mal
que j'en pense. Il est vrai que vous ne saurez pas que

la daine fait un beau lit de fougéres, de chardons et de
joncs à ses deux ou trois petits; que ses faons sont agiles
comme des oiseaux, dès le quatrième jour de leur naissance; que mâle, femelle, et petits affectionnent les bois
d'arbres résineux; se nourrissent de glands, de châtaignes,
de pommes sauvages, de jeunes pousses; qu'ils s'apprivoisent et vous mangent dans la main; qu'ils vivent quasi
vingt ans; qu'en France, ils pèsent de 125 à 150 kilogrammes, etc., etc. Pour que vous le sachiez; je vous le dis,
et j'ai fini.

LE CHEVREUIL

LE CHEVREUIL

E tous les hôtes poilus des bois, le chevreuil est peut-être celui qui m'inspire le plus de sympathie. L'aménité de son caractère, la douceur de ses mœurs, la simplicité de sa vie sont pour toucher tout le monde, et quand on me dit qu'il est mari constant, tendre père et courageux défenseur de la famille, je m'aperçois sans regrets, qu'après avoir gagné mon estime, il s'est emparé de mon cœur.

Est-ce à dire que le chevreuil soit le type de la perfection? Non! Il est tout plein de qualités, voilà qui est sûr, et, s'il a quelques travers, trop de curiosité, par exemple quelque excès dans la jalousie, un peu de coquetterie peut-être, un air éventé, et une petite tête sans cervelle, on ne lui connaît pas de gros vilains défauts.

Est-il animal plus gracieux en sa forme, plus propret en sa tenue, mieux lissé et plus brillant par tout le corps ? Sa jaquette en fourrure fauve doré, un peu grisâtre au collet, est tirée à quatre épingles, et vient du meilleur faiseur, assurément! Et pourtant, la qualité ne répond pas à la perfection de la coupe, puisque frotté à contre-sens, le poil s'en va. Et puis, quelle drôle de chose! la nature qui n'a pas donné à mon favori plus de queue qu'il n'y en a sur ma main, lui a cousu à un certain endroit une large pièce blanche, en forme de disque, qui fait involontairement songer à ces fonds disparates au moyen desquels les ravaudeuses de profession donnent un regain de vie aux culottes fatiguées. Je ne loue donc pas sans restrictions, mais, entre nous, à part ces imperfections relatives, qu'on ne saurait lui imputer sans injustice, le chevreuil n'est-il pas l'être le plus joli de la création ?

Ne me dites pas que son museau, passé au cirage et

tranchant trop sur des lèvres tachées de blanc, lui donne une originalité de mauvais aloi. On ne l'a pas consulté pour colorier son minois. Ne l'accusez pas de ne remuer, que pour écouter aux portes, ses longues oreilles, droites, velues à l'intérieur, et liserées de noir. De cette calomnie, je ne retiendrais rien. Dans son grand œil, au regard si naïf, si doux, si plein d'innocence et de bonté, je lis que cette charmante bête n'a ni prétention ni méchanceté. Comme vous la voyez, elle est telle qu'elle est sortie du sein de la nature.

Le chevreuil, qui n'atteint pas plus de soixante-dix centimètres de hauteur au garrot, compte soixante-seize centimètres à l'arrière-main, et en longueur, de la tête aux fesses, un mètre quinze. Eh bien ! trouvez-moi, je vous le demande, à dimensions égales, sans parler du poids, un animal, fût-ce un homme (que vous aurez fait mettre à quatre pattes pour la circonstance) dont on puisse dire, avec vérité, tout le bien que chacun pense du chevreuil. En est-il un aussi soigneux de sa personne ? Timide au point de n'user pas même de ses cornes pour défendre sa peau ? Assez hardi cependant pour toujours éclairer la marche, s'il sort en famille ; et assez courageux pour protéger la retraite, en cas de besoin ? En est-il un suffisamment dévoué pour se donner aux chiens et les écarter, au péril de sa vie, de la femelle en gésine, ou de la nourrice occupée? Assez bon enfant, quand il a été éduqué de jeunesse, pour se plier, avec la résignation d'une chèvre des Champs-Élysées et la longanimité d'un âne de Montmorency, aux caprices des hommes, si difficiles à servir, et aux fantaisies des endiablés gamins qui se hissent impunément sur son dos pour y chevaucher à califour-chon. J'ai fait cela, moi qui vous parle, il y aura quarante ans demain, à la Maison-Neuve, près de Monti-gny-en-Morvan. J'ai escaladé les reins de plus de vingt chevreuils apprivoisés, doux comme des mou-tons, ne vous déplaise (sauf un vieux méchant brocard) et qui, pour une poignée d'avoine, offerte à

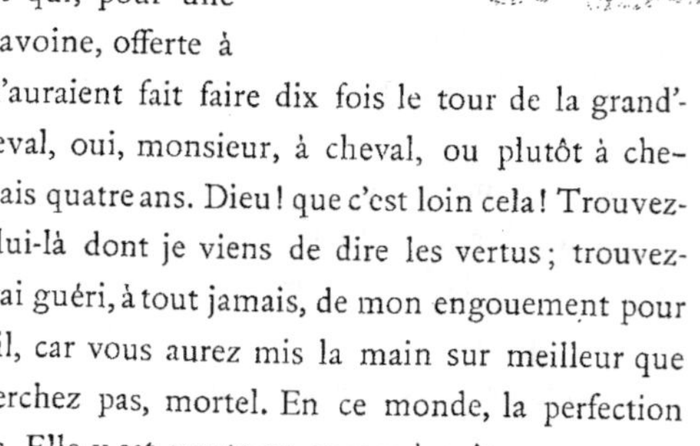

propos, m'auraient fait faire dix fois le tour de la grand'-cour, à cheval, oui, monsieur, à cheval, ou plutôt à che-vreuil. J'avais quatre ans. Dieu! que c'est loin cela! Trouvez-le donc celui-là dont je viens de dire les vertus; trouvez-le, et je serai guéri, à tout jamais, de mon engouement pour le chevreuil, car vous aurez mis la main sur meilleur que lui. Ne cherchez pas, mortel. En ce monde, la perfection n'existe pas. Elle y est morte ou encore à naître.

Si je suis aussi ferme dans mon idée, c'est que j'ai mes raisons. Bien avant moi, maint écrivain autorisé a eu du chevreuil l'opinion que je m'en suis faite en l'observant; et ma bête de prédilection a inspiré de charmantes pages à plus d'un, à de Salnove lui-même, un dur à cuire cependant, peu suspect de bons sentiments à l'endroit de ce ruminant, puisqu'il était passé maître en l'art de le détruire.

Quant à la femelle du chevreuil, je m'en réfère aussi au portrait qu'en ont tracé les vieux auteurs. Ils nous la dépeignent comme une bête charmante entre toutes, et personne, jusqu'à présent, ne leur a donné tort.

De Salnove, entre autres, nous montre la chevrette, qui a vécu jusque-là avec son mâle, sans l'abandonner d'un pas, s'il ne l'a voulu, s'en séparant à la veille de mettre bas, par l'amour qu'elle a plus grand pour ses faons que pour lui.

Pourquoi l'amour maternel prend-il ici le pas sur l'amour conjugal? C'est qu'un instinct de nature enseigne à la chevrette que si elle donnait au chevreuil si tôt la connaissance de ses petits, il ne pourrait souffrir qu'elle leur fît caresse devant lui, puisque l'affection qu'il a pour elle est si grande qu'il lui est impossible de tolérer qu'aucun animal l'approche. Je vous l'ai dit, le chevreuil est un peu trop jaloux, et je ne l'en excuse pas. Mais comme il sait vite nous faire oublier ce sentiment d'égoïsme passager !

Aprés que la chevrette a mis bas et qu'elle a passé ses premiéres ardeurs de caresser ses petits, elle les présente à

leur pére. Défiante d'abord, sans le quitter de l'œil, elle les lui montre avec une feinte indifférence, de peur de l'offenser. Crainte superflue! Quand le chevreuil a compris que ces faons sont de lui, l'amour paternel s'éveille en son cœur, et il se prend à les aimer avec une admirable tendresse, jusqu'à ce qu'ils soient en âge de se suffire à eux-mêmes. Et, avant cela, quelle délicatesse de sentiments chez la femelle ! Quelles précautions pour éviter à son époux le chagrin d'un départ précipité, l'inquiétude d'une absence de longue durée ! Une fois qu'elle a choisi le lieu commode où elle fera ses petits, hors du danger des hommes, des renards et des loups, afin d'accoutumer peu à peu son mâle au séjour qu'elle fera sans le voir, elle se dérobe à lui deux ou trois heures chaque journée, durant la semaine qui précède la parturition. N'est-ce pas lui faire entendre discrètement qu'elle viendra le retrouver ? N'est-ce pas lui dicter sa conduite, pendant l'absence, et l'engager à ne pas s'éloigner du pays pour qu'elle puisse l'y rejoindre aussitôt soulagée. Il la comprend si bien, qu'il s'écarte peu, et qu'il accourt au premier appel de la mère, lorsqu'elle revient, traînant à sa suite sa titubante portée.

Les chevreuils recherchent les climats tempérés, les pays secs, élevés, les lisières des bois accidentés, entourés de terres labourables, aussi les forêts des plaines, surtout quand les arbres résineux y abondent. Là où ils demeurent, ils vivent en petites familles, non en grandes hardes comme les cerfs ; et il est rare de trouver réunis plus de quatre ou cinq de ces animaux, savoir le père et la mère et les petits de l'année. Parfois, cependant, le brocard est accompagné de deux ou trois chevrettes, veuves, avec ou sans enfants, sur lesquelles il exerce une autorité incontestée. Par exception, dans les cantons où les brocards ont été décimés, on rencontre des bandes de douze à quinze individus.

Lorsque le printemps est venu et que le bois qui a été coupé l'hiver a poussé quelque rejet, les chevreuils gagnent les taillis clairs pour y cueillir les bourgeons et les feuilles naissantes. Le suc en est si capiteux qu'il brouille en moins de rien la cervelle de ces pauvres animaux. On les voit errer à l'aventure, gris comme des Polonais, par les clairières et le long des chemins, s'égarer, oublieux de toute prudence, aux alentours des fermes et jusqu'aux abords des villes.

Déjà les seigles, les blés et autres menus grains sont drus et vigoureux ; les chevreuils y font leurs nuits et leurs viandis. Puis l'été arrive, alors les pois, les fèves et les avoines deviennent et restent, jusqu'à l'automne, les gagnages favoris. A l'approche de l'hiver, chacun s'enfonce dans les taillis fourrés ou dans les fonds de forêts, et y recherche les grandes bruyères exposées au midi. En attendant le retour du beau temps, on broute, faute de mieux, la feuille de la ronce, le genêt, les chatons de saule et de noisetier.

Et quand, au prix de mille précautions, le chevreuil, qui est d'une complexion délicate, a réussi à triompher des rigueurs de l'hiver et des chaleurs de l'été ; après qu'il a échappé à la clavelée, et résisté aux douches glaciales des pluies d'automne, il lui reste à se garer de l'homme, son ennemi le plus redoutable et le plus acharné.

La chasse du chevreuil est l'une des plus difficiles à pratiquer, et, sans contredit, ce familier de nos forêts est, après le vieux loup, le plus dur à réduire.

J'ai souvent rencontré, sous bois, de beaux cavaliers, tout de rouge habillés, paradant au galop, au derrière de cinquante grands chiens qui filaient comme le vent, en criant en fausset. Ces veneurs chassaient le chevreuil au forcer.

Au retour, à nuit tombante, les paysans leur tiraient de grands coups de chapeau, d'un air plutôt narquois que respectueux. Et, quand je demandais aux gens du village la raison de leur attitude équivoque. « Faut-y voir ça, me disaient-ils, voilà trois ans qui venont par d'ici, avec leur riflotte de grandes carnes, et ils n'ont pas tant seulement rapporté dix chevreux. Pendiment cela, le grand Baptiste, avec sa chetite bassette, en tue, à soi tout seul, plus de trente, hiver courant ! »

C'est qu'il n'est pas donné à tout venant de forcer le chevreuil, tant à cause des ruses qu'emploie cet animal, que parce que sa voie se refroidit au fur et à mesure que sa course se prolonge. De plus, il provoque fréquemment le change, surtout dans les forêts où ses pareils foisonnent.

On peut le dire, il est impossible de forcer le chevreuil, en le chassant de meute à mort, avec des chiens lents, si créancés et si sages qu'ils soient. Avec des chiens de grand pied, on le reduira quelquefois, après quatre ou cinq heures de poursuite, surtout dans les localités où les chevreuils sont rares et en raison même de la difficulté que trouve la bête, de faire bondir le change, en cas de besoin. Encore, nombre de ces pauvres animaux, réputés pris au forcer, ont-ils été happés, dans un retour, par les mauvais chiens ou étranglés par les traînards.

Les maîtres d'équipages savent mieux que moi combien le chevreuil est difficile à rembûcher; et, je ne prétends pas leur apprendre qu'il faut faire le bois, dès le point du jour, dans le plus profond silence, avec une extrême prudence et d'infinies précautions. Le plus léger sifflement du limier est pour mettre la bête sur pied, et pour lui faire vider l'enceinte. Il est donc de toute nécessité d'employer un chien muet comme la tombe. Le bruit des pas et le froissement discret de la feuillée suffisent à piquer la curiosité naturelle du chevreuil; il vient voir, se rend compte, et plus frappé de la simplicité de la mise en scène qu'inquiété par les allures sournoises de ses ennemis, tranquille, il se remet à la reposée.

Maintenant qui dira le sexe de l'animal rembûché? Les plus fins s'y trompent. Car, il faut examiner avec soin et la marque et la forme des pinces, et les allures de la bête; et jusqu'à ses excréments. Les mâles sont plus forts des pieds de devant que de ceux de derrière, les femelles laissent des empreintes plus petites et égales des quatre pattes. Le brocard a le tour des pinces plus rond et moins tranchant, le talon plus gros, le pied plus plein que celui de la chevrette; le chevreuil marche les pinces de derrière presque fermées, la chèvre les tient plus écartées; de plus, les allures de l'un sont plus grandes que celles de l'autre, et aussi plus invariablement régulières. Enfin, si la terre est grattée en quelque endroit, il est à présumer que ces « régalis » sont le fait d'un mâle, la femelle en pratiquant rarement de semblables. Quant aux « moquettes » (c'est le terme consacré pour désigner la fiente de chevreuil), si elles sont aiguillonnées par le bout, c'est un mâle qui les a faites. La pointe terminale est la marque de fabrique du sexe fort.

Il n'est ni dans mes goûts, ni dans mes moyens de

courre le chevreuil, je le chasse à la billebaude, et à pied,
secondé par quatre chiens de lièvre bien collés à la voie, et
menant lentement. Ce n'est point sans motifs que j'ai
renoncé aux chiens de grand pied, bien que leur rude
poussée conjure parfois les retours, la bête de chasse ayant
moins de loisirs pour préparer ses ruses et pour doubler
ses voies. Mais, il faut courir au devant, allonger le jarret.
et, quand, à bout de souffle, vous arrivez au bon endroit, le
chevreuil est passé. Trop heureux serez-vous s'il ne tente
une pointe lointaine et ne vous fait perdre la chasse pour
le reste du jour.

Devant mes chiens, le brocard, après ses premiers
bonds et sa course désordonnée du
début, prend le petit trot, s'arrête, repart, s'amuse et fait le coquet; et comme
il règle son allure sur la vitesse de la petite
meute, j'ai tout le temps de me porter au
passage, de choisir la cépée qui m'abrite,
et de le viser à mon aise, en plein bois.
Dame! si le taillis est trop fourré, et
qu'il me faille tirer la bête, quand
elle franchit le chemin, j'épaule d'a-
vance, et au petit bonheur, je tire
au vol, car elle passe comme un oiseau, et, plus d'une
fois, se baisse pour éviter le coup.

« A la suite d'une course un peu prolongée, dit d'Houdetot, tout chevreuil sentant le besoin de reprendre haleine, randonne quelque temps dans la même enceinte. Coulez-vous au plus vite, sous bois, derrière la chasse; gagnez la double voie battue et rebattue, jonchée d'herbes et de feuilles, voie aussi apparente que la route la mieux frayée. Placez-vous derrière une cépée et attendez (toujours à bon vent) le chevreuil, qui ne manquera pas, s'il n'est dérangé, de repasser dans le même endroit, pied pour pied, c'est infaillible. »

J'ajoute que si vous êtes jeune, vigoureux et bon marcheur, il est aussi sûr de suivre les chiens. Vous trouverez, sur ma foi! plus d'une occasion de tirer dans d'excellentes conditions.

Tandis que le brocard sitôt lancé, sort de l'enceinte pour empêcher qu'on ait connaissance de la chevrette, quand il la sait pleine et pesante; celle-ci, lorsqu'elle est attaquée pendant qu'elle a des faons, ne fait que tourner et se raser. S'ils sont si petits qu'ils ne puissent la suivre en sa fuite, à la première alerte, elle souffle en grondant, pousse un cri particulier, frappe la terre du pied, et les jeunes « se capissent ». Alors, elle se donne aux chiens qu'elle entraîne à vue et de tout près.

Quand, après une longue poursuite, le chevreuil sent ses jambes fléchir et qu'il commence à craindre pour sa

vie, il se remet au milieu des joncs d'un étang, ou dans
quelque îlot, en pleine rivière. J'ai vu tuer, sous mes yeux,
une de ces pauvres bêtes qui, à bout de forces, s'était im-
mergée dans un remous de la rivière d'Yonne, ne laissant
voir, au milieu du flot écumeux, que l'extrémité de son
museau.

Si le chevreuil est facile à abattre, il est difficile à tuer
raide. Il lui arrive, sous le coup d'une blessure peu grave,
de chanceler, de tomber et de demeurer comme évanoui
durant quelques secondes; puis, il reprend ses jambes à

son cou et court de plus belle pendant plusieurs heures.
On a vu un brocard, traversé de sept grains de triple zéro
dans les reins et dans les flancs, s'écrouler d'abord comme

foudroyé, et, après avoir été porté à dos d'homme l'espace d'une demi-lieue, reprendre du sang, se remettre sur pied, aussitôt posé à terre, s'enfuir, et ne recevoir le coup de grâce qu'après une heure et demie de chasse.

On attend le chevreuil à l'affût, soir et matin, à la lisière des bois, et au fort de la chaleur près des fontaines et des sources; on le traque en battues et on le tue au pipage, au moyen d'un appeau. Je ne saurais dire, si ce dernier procédé est bien catholique; je n'en crois rien; en tout cas, il me paraît indigne d'un chasseur ayant quelque respect de soi-même.

Si l'on n'usait contre le chevreuil que de la chasse à courre et à tir, et si on le faisait honnêtement, il abonderait encore en France. Ce n'est point là ce qui a lieu malheureusement, et, tous les ans, quelqu'une de nos forêts est dépeuplée, grâce à l'audace croissante des braconniers et surtout des colleteurs. Dans vingt ans, si l'on n'y met ordre, et si le colletage n'est point réprimé avec la plus dure sévérité, c'en sera fait du chevreuil dans la plupart de nos régions.

Depuis longtemps les maraudeurs ont renoncé au « hausse-pied », piège trop voyant, qui avait l'inconvénient grave, arrêtant la bête par la patte, de lui permettre de crier et d'attirer l'attention des gardes. Aujourd'hui c'est

le « reginglette » qui est en faveur. Elle consiste en un
baliveau recourbé qui fait ressort en se redressant ; la mal-
heureuse bête est enlevée de terre, et reste pendue par le
cou ou par le travers du corps, jusqu'à ce que mort s'en-
suive.

Quand il est mort, le pauvre diable, qu'il ait été noble-
ment tué au feu ou vulgairement pendu à une branche, on
fait, avec son sang, d'excellentes omelettes, et, avec sa peau,
de détestables tapis.

LE LIÈVRE

LE LIÈVRE

LE lièvre! Encore une victime de la civilisation! obligé, comme bien d'autres d'ailleurs, de déjeuner au
crépuscule et de dîner à l'aurore, de se lever avec la lune et
de se coucher avant que le soleil paraisse à l'horizon, en
un mot, de faire du jour la nuit et réciproquement. Repas,
amours, promenades, toute la vie, enfin, se passe pour ce

déshérité au clair de la lune ou sous l'épais manteau de l'obscurité.

Par les beaux jours, pendant que les papillons diaprés volent de fleur en fleur, que les insectes dorés courent les chemins, que l'alouette chanteuse s'élève dans les airs et bat des ailes au milieu de son bain de soleil, que l'oiseau gazouille dans le buisson, que la plante s'étale à la lumière, que l'homme veille, intrigue, s'agite, travaille ou jouit au sein de la nature en fête : lui, immobile et inquiet, dort, tremble ou songe creux, au pied d'une fougère. Et l'hiver, lorsque la vie semble s'être retirée de la campagne silencieuse, et que les frimas tiennent le laboureur au coin de l'âtre et le chien de berger aux alentours de la ferme, sa mélancolie s'accuse, ses craintes redoublent, car il sait que par le froid, encore mieux que par le chaud, la faim fait sortir du bois tout ce qui vit de rapine ; les loups et les renards qui l'immoleront d'un coup, le chat sauvage qui le martyrisera avant de le tuer, le putois et la fouine qui lui ouvriront les veines, la belette qui le mordra au chignon, l'oiseau de proie qui lui crèvera les yeux et le dépécera par lambeaux, sans compter le braconnier qui suivra sa trace sur la neige et qui l'assommera, d'un coup de bâton, dans son gîte même.

Le moyen d'être gai avec de pareils soucis ! Aussi ne l'est-il point, ce pauvre, dont la destinée est de rester triste comme un bonnet de nuit, en toutes saisons et par tous les temps. Cependant, quand le jour commence à baisser, il paraît reprendre quelque assurance, soit que, servi par l'infidélité de sa mémoire, il ait oublié déjà les terreurs de la journée, soit que son étourderie naturelle l'empêche de prévoir les dangers de la nuit. — D'une allure furtive et légère, il quitte le couvert pour gagner les blés, les avoines, les orges, les pois. Sur la pente aride, il broute le thym et le serpolet; dans la plaine plus grasse, il savoure les herbes  laiteuses, les trèfles, les luzernes, les betteraves; dans le potager, à la porte de la maison, les choux et les salades; il n'est pas jusqu'à l'écorce des arbres (l'aulne et le tilleul exceptés), qui ne soit en butte aux attaques de ce rongeur noctambule.

Mon Dieu! s'il court la nuit, il ne faut pas lui en vouloir; il fait de nécessité vertu, et n'était l'instinct de conservation qui l'incite à rechercher l'ombre et le mystère, il prendrait, comme tout le monde, ses ébats en plein soleil, tout au moins en plein jour. Et cela est si vrai, que lorsqu'il est sûr de n'être pas guetté sans cesse, traqué à tout instant, et mis en joue aussitôt qu'il laisse passer le

bout de l'oreille, il se
soustrait aux effets de
l'atavisme, étouffe les préjugés
de son enfance et de son éducation, et
se laisse aller à son penchant naturel
qui est de vaquer à ses affaires pendant
la journée. Cela se voit dans les pro-
priétés bien gardées, où le lièvre se sent
à l'abri du braconnier et de son chien. J'ajoute que là
où la chasse est libre, on lance parfois si facilement dans
l'après-midi, qu'il est à présumer que certains lièvres, las
de poursuivre en leur gîte d'interminables rêves, le quittent et s'en écartent pour broutiller aux environs.

Bien que le lièvre connaisse probablement, comme la
plupart des animaux, l'incommodité de la soif, on ne l'a
jamais vu boire, ce qui s'appelle boire. La rosée qui couvre
les herbes, l'humidité contenue dans les végétaux aqueux
dont il se nourrit, suffisent à le désaltérer. — S'il ne
boit pas, en revanche, il mange copieusement, et l'appétit
du mâle ne le cède pas à celui de la femelle. Ils ne pren-
nent point leurs repas de la même façon, voilà toute la
différence. Le *bouquin*, à l'instar de ces rouliers qui s'arrê-
tent à tous les bouchons, pour y casser la croûte, tond par
ci par là, faisant un bout de chemin, après chaque bouchée;
la *hase*, plus paresseuse, s'attable, tout de bon, et broute

autour d'elle, jusqu'à ce qu'elle ait le ventre plein. Et,
comme elle mastique avec une sage lenteur et un soin
méticuleux, elle digère avec facilité cette nourriture bien
triturée, et fait de belles grosses crottes molles et visqueuses.
Le mâle, au contraire, dont le sang est brûlé par une
existence fièvreuse et l'estomac échauffé par un mauvais
régime, digère mal et fait ces « repaires » secs et aiguil-
lonnés par une extrémité, qui sont la caractéristique des
gens affairés, turbulents et déréglés.

Les femelles des animaux ont, d'ordinaire, pour leur
progéniture la plus tendre sollicitude. Prenez-les toutes, la
louve, la renarde, la blairelle, la loutre, la laie, la biche,
la chevrette, toutes préparent un abri pour la future portée,
et recherchent le coin ignoré où les jeunes pourront le
mieux échapper aux intempéries et aux regards indiscrets.
La hase, elle, n'est qu'une ribaude; l'amour maternel semble
lui être à peu près inconnu. Elle dépose ses petits au
hasard, sans défense, en plein champ, au milieu d'une
cépée, là où elle se trouve enfin. Qu'ils aient froid, elle
s'en moque; elle sait qu'ils naissent avec un mince habit
de poil: il doit leur suffire. — Que les bêtes de proie en enlè-
vent quelqu'un; peu lui importe : elle en fera d'autres.
Et ces pauvres petits, qui viennent au monde les yeux
grands ouverts, sont ainsi témoins, dès le premier jour, de
l'indignité de leur mère. Ils la voient leur donner le sein

comme par métier, puis s'évader pour courir Dieu sait où!
Trois semaines cela dure, et on les sèvre, et on ne s'inquiète
plus d'eux. Bon débarras!

Pendant ces trois semaines de l'allaitement, la hase,
on le dit du moins, appelle ses nourrissons en frappant
l'une contre l'autre ses deux longues oreilles. Je le
veux croire; mais est-ce là grand signe d'affection pour
eux? Ne tient-elle pas à se décharger d'un lait qui l'incommode? En tout cas, si elle vivait, en bonne mère de famille,
avec ses petits, elle n'aurait point, pour les réunir, à
claquer si fort des oreilles. Faisant moins de bruit, partant
plus de besogne, elle prendrait une place honorable dans
l'estime des honnêtes gens. Qui sait même, si, prévenus
par cela en sa faveur, nous n'irions pas jusqu'à penser que
c'est consciemment et pour éviter qu'ils ne soient pris
jusqu'au dernier par les rapaces que, de temps en temps,
elle change de place ses levrauts et les éloigne les uns des
autres?

De quelque façon qu'on la juge, elle élève ses petits
tant bien que mal. Ce qui est certain, c'est qu'ils vivent,
grandissent vite, et sont bientôt assez délurés pour choisir
sûrement, sans les conseils d'autrui, les herbes, les racines,
les graines, les feuilles et les fruits qui leur conviennent.

Bien qu'ils ne soient point sédentaires et qu'ils aient
l'esprit remuant, les levrauts ne s'écartent jamais beaucoup

du lieu de leur naissance; ils demeurent ici, puis là, ne restant et ne revenant pas régulièrement dans la même pièce. Pendant toute cette période de jeunesse, ils vivent à quatre-vingts pas les uns des autres, mènent une existence solitaire, choisissant chaque jour, pour s'y reposer, un emplacement nouveau.

Au printemps, les lièvres se tiennent dans les blés verts et dans les jeunes taillis.

En été, ils fréquentent les petits buissons, les genêts, les bruyères, à proximité des gagnages : ils s'y trouvent bien garantis des mouches qu'ils exècrent. En cette saison, le gîte du lièvre, qui est cette « forme », légèrement enfoncée en terre et moulée sur le corps de l'animal, que tout le monde a vue, est orienté au nord.

Aux mois d'août, de sep-
tembre et d'octobre, lorsque le
temps est sec, c'est dans les
chaumes de blé et
d'avoine, surtout là
où il y a des char-
dons et des hièbles,
que se retirent lièvres
et levrauts. Après la

pluie, ils quittent les chaumes trop mouillés pour les sil-

lons fraîchement tracés, et s'y blottissent entre deux mottes.

Au commencement de l'automne, les levrauts demeurent volontiers dans les haies un peu épaisses et dans les buissons rapprochés des maisons.

Par les pluies persistantes, les coteaux pierreux et dénudés, les abords des carrières, les endroits éminents dans la plaine, les rebords de fossés gardés du vent et de l'eau du ciel, tous les lieux enfin où le gîte ne risque pas pas d'être inondé, servent de refuges à nos rongeurs. Et comme ces petits animaux sont excellents astrologues et qu'ils pressentent, avec sûreté, le temps à venir, ils se gardent, quand la pluie est à craindre, de se mettre au fourré. Là, leur toilette serait gâtée, et le bruit des gouttes qui tomberaient des branches et des feuilles les tiendrait en de continuelles alarmes.

A l'approche des grands vents et des froids de l'hiver, ils cherchent un abri, à l'exposition du midi, dans les petits bois et dans les halliers. S'ils découvrent quelque masure abandonnée, envahie par les ronces et les épines, ils y élisent domicile; il n'est pas rare même, quand les toitures de chaume sont assez rapprochées du sol, d'y trouver quelque hase « capie » dans le réduit qu'elle s'y est ménagé.

Par un froid sec, si le temps est clair et que le soleil

tente de se montrer, inspectez avec soin les champs de blé
vert. Si, en quelque endroit, il s'y élève une petite fumée,
comme une vapeur qui se dégagerait d'un liquide en
ébullition : là gît le lièvre, n'en doutez pas. Certains
paysans ont la vue si perçante qu'ils vous signalent, à de
grandes distances, un lièvre au repos dans les guérets.

On prétend que le lièvre dort les yeux ouverts.
Depuis près de trente ans que je cours les champs et les
bois, j'ai vu souvent lièvre au gîte, et je confesse n'en avoir
jamais trouvé un s'y tenant les paupières closes. J'ajoute
que c'est cet œil grand ouvert qui attire d'abord l'attention.
Malgré cela, je vous l'avoue, je n'aurais jamais songé à
conclure du particulier au général, encore moins à poser
en principe que le lièvre ne ferme pas plus les yeux dans
le sommeil que pendant la veille. Jusqu'à présent, j'ai
pensé, tout simplement, que cet animal poltron, qui sait
sa vie menacée à tout instant, s'habituait, de jeunesse, à ne
dormir que sur une oreille; et que la finesse même de son
ouïe, secondée par cette longue habitude, passée en force de
nature, le servait merveilleusement, lui permettait de
recueillir le moindre bruit suspect et de dissiper à temps
les vapeurs de son léger sommeil. S'il faut tout vous dire,
j'ai lu qu'un levraut avait été vu, en un champ de maïs,
dormant à poings et à yeux fermés; et, pour mon compte,
j'ai été le seigneur et maître, pendant deux ans, d'un lièvre

répondant au nom de *Mousqueton*, que j'avais élevé au biberon, ne vous déplaise. Ce lièvre mangeait, à l'occasion, du bœuf bouilli mieux qu'homme du monde, et dormait les paupières hermétiquement closes, je vous l'assure.

C'était un singulier animal que mons *Mousqueton*. D'un caractère inégal et quinteux, affable ou grognon, suivant le quartier de la lune, hier doux comme un mouton, aujourd'hui féroce comme un tigre, tantôt caressant et obséquieux, tantôt hirsute et bourru. D'ailleurs, sautant fort bien au travers d'un cerceau, bondissant, au commandement, par dessus ma canne, mais se livrant à ces jeux de société, avec entrain ou sans enthousiasme, selon qu'il s'était levé, le matin, du bon côté ou le derrière le premier. J'étais à la veille d'en faire un lièvre distingué, lorsque *Diavolo,* le plus jeune de mes chiens courants, s'empara de mon prodige et se feutra l'estomac de sa respectable personne. Ce que je vous dis des talents de mon élève est à la fois vrai et vraisemblable, et tout le monde a vu, dans les baraques foraines, des lièvres dressés à faire le mort, comme de véritables figurants de la morgue, des lièvres artilleurs tirant le canon, sans sourciller, comme des braves à trois poils, d'autres battant la charge sur de vrais tambours, et je ne parle pas, bien entendu, de lièvres empaillés, mais d'animaux bien vivants. — Cette petite bête n'est donc pas aussi bête qu'un vain peuple le pense, puisqu'elle s'apprivoise et qu'on peut l'éduquer. J'ajoute, pour rendre hommage à la vérité, qu'aussitôt qu'un lièvre privé peut secouer le joug, il s'en débarrasse, et qu'il faut que la clef des champs soit bien cachée pour qu'il ne la trouve et ne s'en serve. J'en ai à peine fini avec le lièvre, que déjà vient devant moi se poser... un lapin. Ce lapin, vous le verrez, lecteur, au prochain numéro.

LE LAPIN

LE LAPIN

ORSQUE Dieu prit mesure au lapin
pour lui faire un habit à sa taille,
il eut bientôt fini, l'animal étant petit.
Mais, quand il fallut se décider sur la
nuance du costume, le Créateur, qui avait
déjà vêtu tant d'animaux de toutes couleurs, fut très embarrassé. Pour ne blesser personne, il tira de ses réserves une

grosse poignée de poils
noirs, une bonne pleine
main de poils fauves,

brouilla le
tout et en
conditionna
cet habille-
ment gris
cendré que
le lapin n'a

pas quitté depuis. Afin de rompre la monotonie d'une
teinte trop uniforme, l'Éternel ne négligea rien. En certains endroits, il aviva les couleurs, en d'autres, il les
amortit, puis de quelques pincées de petits poils roux, il
saupoudra le chignon de son client. Cela fait, il dit aux
oreilles « Paraissez », et elles poussèrent assez longues;
aux yeux « Ouvrez-vous », et ils s'ouvrirent tout grands,
tout ronds, saillants, comme une grosse perle de jais de
chaque côté de la tête. De même couleur que le manteau,
il lui fit un masque, mais trop étroit, un peu étriqué, et
quand il prit ses grands ciseaux pour donner du jeu, il fit
un faux mouvement, pinça la chair en même temps que
l'étoffe, et vous fendit jusqu'aux narines la lèvre supérieure
de la pauvre créature. Alors, pour s'en débarrasser, il saisit
la bête, l'étendit sur le dos, d'un tour de main lui mit aux
pieds quatre chaussons fourrés, sous le ventre, afin de la
garder de la colique, une forte épaisseur de feutre blanc.
Enfin, avant de lui donner congé, il lui vissa au derrière
une gentille petite queue, blanche en-dessous et noire en-
dessus, la lui retroussa coquettement en accroche-cœur, et
lui dit : « Crois et multiplie. » Et dès qu'il eût atteint l'âge
de six mois, le lapin commença de multiplier, et chaque
année, sa femelle lui fit cinq portées de huit petits qui
multiplièrent entre eux et bientôt couvrirent la terre.

Quand ils eurent pullulé dans les pays chauds, breceau de leur famille, au point de s'y trouver à l'étroit, l'idée leur vint naturellement de se donner de l'air; puis l'émigration s'imposa. Ils se rapprochèrent alors des côtes de la Méditerranée, montèrent la garde sur les confins septentrionaux de l'Afrique, guettant l'occasion de passer la mer. L'occasion ne tarda pas à se présenter. Les Arabes ayant résolu de conquérir la Péninsule ibérique, nolisaient. A la faveur de la nuit, les lapins escaladèrent les bastingages, se faufilèrent, à fond de cale, au milieu des colis des futurs Abencérages, et les voilà débarqués, à la suite des Maures, sur les rivages de l'Espagne. Dès que le flux les y eut déposés, ils se mirent en devoir d'envahir, sans tambours ni trompettes, le reste de l'Europe. Mais quand ils eurent quitté le beau ciel de l'Espagne et qu'ils se furent assez avancés vers le nord, pour sentir les morsures de la bise, des pluies inattendues, des gelées inconnues glacèrent le le sang des plus échauffés, les coryzas, les rhumatismes se glissèrent dans les rangs, et y jetèrent le désordre et le découragement.

Il fallait aviser. On tint conseil. On décida de se grouper en petites sociétés pour avoir plus chaud, et de fonder des colonies dans les bois, sur les montagnes, sur le versant des coteaux bien exposés, au milieu des terrains secs, sablonneux, et faciles à remuer. — Alors chacun se mit à la besogne, fouilla le sol, coupa les racines, creusa sans relâche et partout des demeures souterraines : celles-ci percées droit, celles-là tortueuses, les unes à une issue, les autres à plusieurs entrées et à nombreuses sorties; ici des terriers, véritables dédales, plus spécialement affectés à l'habitation, au repos de jour et de nuit, à l'hivernage et à la retraite en cas de péril; là, au pied des arbres, les rabouillères, à peine profondes d'un mètre, s'enfonçant obliquement dans le sol, forées en zigzags et terminées par un réduit évasé et circulaire que la lapine tapissa d'herbes sèches et rembourra de son propre poil arraché.

C'est là qu'elle déposa ses petits : c'est là qu'elle les allaita vingt jours, en cachette du père, à l'abri des fureurs jalouses de ce mâle cruel, capable de tuer ses propres enfants.

La pauvre lapine connaissait si bien les mauvais sentiments de ce père dénaturé pour sa progéniture au berceau, qu'au moment de prendre, à la hâte, quelque nourriture, elle avait soin, quand elle quittait le réduit, d'en dissimuler l'entrée et d'en boucher l'orifice avec un tampon de feuilles mortes et de terre.

Quand elle eut sevré ses petits, tremblante, elle les présenta à leur père. O surprise! il les accueille, les soulève un par un dans ses bras, contemple son œuvre avec satisfaction, lustre le poil et lèche

les yeux de chacun. C'est manifeste, Lapin Ier, rentré en
lui-même, après un moment d'humeur, est converti ; il est
pour la recherche de cette paternité dont il goûte orgueil-
leusement les joies.

Sa dynastie fondée, il laissa tout faire. Ceux de ses
sujets qui voulurent se singulariser purent quitter, un
temps, les terriers de famille et, pendant les beaux jours,
étendre au soleil leur corps paresseux : il ne leur dit rien.
D'autres abandonnèrent leurs souterrains, autant dire sans
esprit de retour, pour se cantonner dans les buissons avoisinants, dans les tas de pierre, sous les piles de fagots : il
ne leur dit rien encore. Tous, indistinctement, coururent
la nuit, coururent le jour. Les délits contre la propriété
restèrent impunis ; en été, les blés, les luzernes, les sain-
foins furent saccagés, les bruyères étêtées, le thym et le
serpolet broutés jusqu'à la racine ; en hiver, les ronces
furent coupées, les genêts tondus, les chatons du coudrier
et du saule cueillis, les genévriers et les arbres tendres
écorcés. Les rixes entre citoyens, le tapage nocturne, rien
ne fut réprimé. Les querelles entre voisins furent tolérées,
que dis-je ? autorisées, encouragées même. Les lapereaux,
jeunesse turbulente, se firent un malin plaisir de troubler
le sommeil du lièvre ; ils passèrent et repassèrent autour
du gîte de ce paisible rongeur, frôlant les herbes pour
l'effrayer, agitant le feuillage pour le faire fuir ; et, s'il

résistait à toutes ces brimades et refusait
de céder la place, se mettant à quatre pour
lui tirer les oreilles, le mordre et le gifler.

A la mort de Lapin Ier, tous ses
sujets voulurent être Roi. De ces com-
pétitions, naquit l'anarchie. Alors (c'est

une triste page de l'histoire de ce peuple) loups, renards,
blaireaux, chats sauvages, martres, fouines, putois, belettes,
oiseaux de proie de toutes sortes, tombèrent sur ces frères
ennemis, comme la misère sur le pauvre monde, tuèrent
ceux-ci, estropièrent ceux-là, et terrorisèrent ceux qu'ils ne
purent ni occire ni blesser. Assagis par l'infortune, les
survivants décrétèrent, en leurs terriers, de vivre en Répu-
blique, et continuèrent, sans attirer l'attention, à se croiser
entre eux, et à propager leur engeance. — Un parti de dis-
sidents, s'étant allié aux lièvres, fit souche de léporides.
Cette association ne produisit que des « ratés ».

Les choses en étaient à ce point, lorsque l'homme
intervint. Fatigué de voir ses récoltes ruinées, ses bois
ravagés, ses champs minés et contreminés, il fit recuire du
laiton, le façonna en brins flexibles, qu'il tira, tordit pour
en essayer la solidité, puis, les ayant repliés en nœuds
coulants, il les suspendit aux branches des haies, les plaça
dans toutes les coulées, à la gueule des terriers, partout
enfin sur le passage des dévastateurs. D'abord, il s'en

pendit des mille et des cents. Le lapin sauté, le lapin rôti, le lapin en gibelotte, figura sur toutes les tables; les pauvres comme les riches mangèrent à satiété de cet aliment délicat et succulent. Tout le monde porta des chapeaux de feutre, et les chapeliers s'enrichirent. Les fourreurs édifièrent de colossales fortunes sur le poil et sur la peau des lapins; les manchons se donnèrent pour rien; la modeste ouvrière, qui jusque-là s'était contentée, été comme hiver, d'un mince cotillon d'indienne, pût s'envelopper d'une pelisse en faux petit gris. Les apothicaires firent ample provision de la graisse de lapins, et remplirent leurs bocaux de poudre curative, fabriquée avec la tête calcinée de ces animaux. Le lapin devint la bête à la mode, on lui fit les honneurs du d'Hozier, et l'on put voir telle grande famille de Bretagne porter d'argent à trois lapins courants de sable.

Le succès des collets fut de courte durée. L'animal rusé se prit à inspecter, à flairer avant de s'engager dans une passée, et, plutôt que de risquer la strangulation à l'ouverture du terrier, il perça de nouveaux trous.

Qui fut bien empêché? Ce fut l'homme. Il se demandait avec anxiété comment il viendrait à bout de cette maudite engeance. Tout à coup, il se souvint d'avoir ouï-dire que, lors de leur grand voyage d'Afrique en Europe, pendant la traversée, plus d'un lapin avait été trouvé sans vie,

mordu au cou par un petit quadrupède, buveur de sang,
fluet, rampant, au museau pointu, au corps souple et
allongé, au pelage jaune pâle, aux yeux rouges, qui s'était
juché à bord et que tout le monde y avait pris pour un rat.
C'était le furet. L'homme en demanda partout. Il en fit
venir de blancs et de putoisés, leur ménagea dans des
tonneaux remplis de foin des habitations commodes, où ces
êtres frileux purent dormir à l'aise, à l'abri de l'humidité.
Puis, il habitua ses élèves à venir à la voix, les dressa à se
laisser manier, leur montra, dès qu'ils eurent cinq mois, un
lapin de temps à autre, le leur laissa rouler et mordre à belles
dents. Et quand l'instinct des jeunes furets fut bien éveillé,
il les mit aux gueules des terriers, et attendit en se frottant
les mains.

Par toutes les issues, il sortit des lapins, des gros,
des petits, des mâles, des femelles, des
vieux, des jeunes, une troupe, une
foule, une bourrasque, tout cela pris
d'une indicible terreur, sautant, bondissant, se bousculant, fuyant dans toutes
les directions, avec une rapidité vertigineuse. L'homme riait à se tenir les
côtes. Joie éphémère ! Joie sans motifs !

Car, les lapins expulsés, les furets demeurèrent. Chacun
avait égorgé un ennemi, et alourdi, grisé par une san-

glante et copieuse libation, cuvait au fond d'un terrier.

La moitié du jour se passa en vaines attentes. Et quand le soleil disparut à l'horizon, l'homme avait cessé de rire depuis longtemps, et plus d'un furet manquait encore à l'appel.

Quant aux lapins (à part les quelques victimes que vous savez), le plus grand nombre s'était échappé et nourrissait en son cœur de noirs projets de vengeance. Les représailles furent terribles. De plus belle, les blés furent rasés et les arbres dépouillés.

L'homme était abîmé dans d'amères pensées, et ce fut sans entrain qu'il prépara une nouvelle campagne. Peu à peu cependant, il se ressaisit. Bientôt il consacra ses jours et ses nuits à tresser de bonne ficelle solide et à en fabriquer des filets en forme de sacs. Quand il en eut provision suffisante, à l'ouverture de chaque terrier, il fixa une de ces bourses de fil; puis, ayant édenté ou muselé ses furets, il introduisit furtivement l'ennemi dans la place. Alors, on entendit sous la terre un roulement continu, des battements de pieds répétés, des allées et des venues rapides, des cris d'épouvante et de douleur. En un clin d'œil les filets s'emplirent, plusieurs chassèrent sur leurs amarres, d'autres furent emportés au loin par la violence du choc de ces animaux affolés qui s'y poussaient, qui s'y pressaient, qui s'y ruaient tête baissée, se servant de leurs fronts

comme de béliers. A cette vue, l'homme se reprit à se
frotter les mains. « Je vous tiens, mes gaillards ! pensait-il ;
c'en est fait de vous et de votre race ! » —
Erreur ! illusion ! idéal ! Après mainte hécatombe de ce genre, il resta encore quantité de
lapins.

Sans renoncer à l'emploi du furet, qui
décidément, avait du bon, l'homme eut recours
aux armes meurtrières, à l'arc, à la fronde, à
la massue, plus tard à l'arquebuse et au mousquet ; puis
il perfectionna les engins de guerre, passa successivement du fusil simple au fusil double, du fusil à piston
au fusil à broche, du fusil à broche au fusil à percussion
centrale, il y fit adapter des canons spéciaux, serrant le
coup ou le dispersant, et portant le plomb aussi loin
que l'œil peut apercevoir le gibier. Entre temps, il revint
au furetage à gueules ouvertes et mitrailla les lapins au
sortir de leurs demeures ; au furetage aux bourses, et tordit le cou aux gredins qui vinrent s'ensacher. En outre,
il dressa des chiens à poursuivre le lapin dans les bois et
au fourré, des chiens lents surtout, des bassets à jambes
torses, devant lesquels les rongeurs s'amusèrent, s'arrêtè-
rent, écoutèrent, firent leur toilette, jusqu'à la prochaine
volée de petit plomb qui leur fit faire le manchon. A ce
jeu, ce fut toujours l'homme qui rit le dernier et le mieux.

Dans sa haine implacable, avec des chiens d'arrêt, il battit la plaine, visita les carrières abandonnées, les lieux couverts de maigres buissons, foula les petits ronciers exposés au soleil, et quand l'animal en sortit, rapide comme l'oiseau, le pauvret ne fit point dix foulées sans recevoir un bon coup de plomb où vous savez.

Traqué sans cesse et de toutes façons, le lapin se réfugia dans les chênes creux et ruinés par la vieillesse. L'homme y mît le feu, au risque d'incendier les villages. Nombre de lapins perdirent ainsi la vie; et ceux qui purent fuir, au milieu des flammes et de la fumée, gardèrent, pour le reste de leurs jours, une odeur de roussi qui les fit tenir à l'écart par leurs congénères. Au temps des fusils à baguette, il y eut des lapins extraits au tire-bourres des terriers peu profonds.

Pour tout dire, l'homme ne leur épargna aucune avanie. Il les épia à la lisière des bois, à l'affût; du haut d'un arbre, il guetta leur sortie, et attendit leur rentrée; il les tua et les fit tuer en battues; il les attira dans des panneaux; et quand, il fut à bout de forces, n'imagina-t-il pas de les faire mourir de peur, en lâchant dans chaque trou une demi-douzaine de grosses écrevisses vivantes !

Et cependant de tous les coins de la terre habitée, l'homme supplie, l'homme implore. Des savants courent le continent, traversent les mers, se promènent sur la surface du globe, les poches remplies de fioles et de préparations meurtières, empoisonnent le sang des lapins de maladies mortelles, inoculant partout, semant à pleines mains dans les terriers d'innombrables microbes. Rien n'y fait. Pasteur, le grand Pasteur y perd son latin.

Malgré tout, le lapin vit, le lapin pullule, le lapin est immortel! Il détruit tout, dévore tout, digère tout! Aujourd'hui il déjeune de l'Australie, il dînera demain d'une autre contrée. Par le lapin, la fin du monde !

LE CHAT SAUVAGE

LE CHAT SAUVAGE

SI j'avais vécu dans la vieille, vieille Égypte, j'y aurais
été bien malheureux. On y respectait les chats et je les
méprise; on les y adorait presque, et je les exècre. J'ai voué à
ces bêtes sournoises une haine si profonde que tout ce qui
peut leur arriver de mal me réjouit. Notez d'ailleurs que je
mets tous les chats dans le même sac. Chats domestiques et

chats sauvages sont, à mes yeux, les représentants d'une engeance que l'humanité a tout intérêt à faire disparaître. Avec de la poudre et du plomb, quelques boulettes bien préparées, et des traquenards tendus avec soin, on y arrivera petit à petit. Dieu soit loué !

Déjà l'espèce des chats sauvages ou harets se fait rare en France. En cherchant bien, on en trouve encore quelques spécimens dans les forêts du Nivernais, du Berri, de la Bourgogne et de l'Auvergne, dans le Languedoc et dans la Guyenne et aussi sur les frontières de l'Espagne. Où qu'ils se rencontrent, ils nichent dans les troncs caverneux, mais ils se multiplient peu. En voici les raisons. D'abord, les chattes sauvages sont naturellement moins fécondes que les chattes domestiques, d'autre part, le piège et le fusil continuent lentement l'épuration de nos bois ; enfin, Messieurs les chats eux-mêmes, s'étant mis de la partie, ne se gênent pas pour croquer leurs petits, afin de leur conserver un père. On a beau corner aux oreilles de ces parents dénaturés, que Dieu bénit les familles nombreuses, ils ne veulent rien entendre.

Malgré tout cela, il reste des chats sauvages. Et c'est grand'pitié ! Ce qu'il en reste fait une guerre acharnée au menu gibier. Une guerre ? Est-ce bien une guerre qu'il faut dire ? La guerre a ses lois ; la bravoure et la loyauté n'en sont point exclues ; on y attaque en face un ennemi qui se

défend. Rien de semblable dans la manière de procéder de
ces traîtres animaux. Le chat n'est qu'un escarpe. Comme
tous les lâches, il n'attaque que par derriére; il ne tue pas,
il *surine*.

Tapi dans une touffe, il y demeure des heures et des
heures, attentif, immobile et muet, jusqu'à ce que l'oiseau
qu'il convoite vienne à portée. Au bois, il se dissimule derrière une cépée et bondit, à l'improviste, sur le levraut
qui passe.

Ce métier de bandit, il l'exerce de jour et de nuit. Et
comme il est souple et flexible, armé d'ongles crochus et
tranchants, doué d'une ouïe fine et d'une vue perçante, il
est un assassin des plus dangereux.

Qui le dirait? Regardez-le dormir en ronronnant. Le
feu de ses yeux jaunes s'est éteint, ses griffes acérées sont
rentrées dans leurs gaines, entre ses doigts; son attitude est
celle d'une bonne personne, sa patte est de velours. Mais
vienne à retentir, dans le fourré, la voix de quelques chiens,
et voilà le saint homme qui s'éveille. Son regard se charge
de colère; son poil se hérisse; il s'étire, bâille, rabat ses
oreilles, fait jouer ses griffes et les aiguise au tronc d'un
arbre. Dirait-on pas qu'il veut en découdre. Point! c'est la
peur qui le tient. Le bruit se rapproche, c'est à lui qu'on en
veut, il fuit, se fait battre et rebattre en plein fourré, bien
à l'abri. A bout de souffle (car ses courtes jambes ne lui

permettent point de courir longtemps), il escalade le premier gros arbre venu, s'étend sur une des maîtresses branches, et, de cet observatoire, regarde quêter les chiens.

C'est fini de rire, lâche coquin. Tes moments sont comptés. Le vieux garde s'est glissé sous bois, et pendant que tu te moques de la meute en défaut, il te tient à l'œil au bout de ce fusil qui n'a jamais manqué vermine de ton espèce. A l'instant où j'écris, tu es mort, demain, tu seras dépecé; après-demain, tu seras manchon ou simple casquette, ou bien, honte suprême!... quelque potard s'emparera de ta dépouille tigrée pour frictionner les lumbagos des pauvres humains.

L'ÉCUREUIL

L'ÉCUREUIL

Tu es bien petit, mon mignon, pour que je parle de toi longuement, trop gentil pour que je n'en parle point, assez gracieux pour que l'ami Juillerat te consacre quelques coups de ce pinceau fait peut-être des poils roux de ta queue. On dit que tu vis heureux et que nul souci ne vient jamais traverser ton instinctive gaieté. Je le crois volontiers. Je pense même que tu es né coiffé, puisque tout te sourit, puisqu'il n'est pas d'agréable surprise que ne te ménage ta chance particulière. N'est-ce point au hasard que tu dois de figurer ici? Si l'on t'y voit, en compagnie d'animaux plus gros, plus terribles ou plus recherchés que toi, c'est à ta veine surtout que tu en es redevable. Il nous fallait un bouche-trou pour compléter la douzaine, et, sans

trop savoir pourquoi, parmi tant d'animaux, c'est toi que nous avons choisi. A vrai dire, nous l'avons fait un peu parce que tu es la plus coquette, la plus proprette de toutes les petites bêtes fourrées.

Alors que tant de gens sollicitent, courent, s'agitent, intriguent, suent sang et eau pour obtenir un bout de réclame dans la feuille à la mode, à toi, il a suffi de sauter devant nous, au bon moment, et de voler, sous nos yeux, d'une branche à une autre, pour trouver à la fois un peintre et un historiographe. Merci, mignon, tu nous as tiré d'embarras.

Puissent ces quelques lignes tracées autour de ton portrait, te payer le service que tu nous as inconsciemment rendu.

Quoique tu affectes de vivre loin des habitations des hommes, au milieu des vieux hêtres, des chênes séculaires et des sombres sapins, tes goûts sont d'un mondain retiré du monde. En tout cas, tu es un délicat.

Si tu vis là, c'est qu'il y sent bon. C'est que, du haut de l'arbre élevé sur lequel tu as construit ta petite maison de bûchettes et de mousse, tu peux voir de loin le paysage se dérouler, et humer plus à l'aise les senteurs de la plaine fleurie apportées sur l'aile du vent.

Si tu vis là, n'est-ce point aussi que tu y trouves, comme sous la main, cette nourriture de choix qui ne tachera point ton gilet blanc? ce sont les noix, les amandes, les noisettes, le gland, la faîne, la semence du pin. Tout cela est propre, sec, croquant; tout cela se conserve, même par les grands froids; et, tu le sais si bien, que ta provision est déjà faite.

Je le connais le vieil arbre creux, dans lequel tu passes tes nuits d'hiver, au sein de l'abondance, à l'abri de la bise glaciale, bien enveloppé de ton manteau de fourrure.

C'est de cette cachette, où ta prévoyance a su amasser des trésors de chatteries, que je t'ai vu tirer cette amande fraîche, dont tu attaques la coquille de tes incisives tranchantes, et que tu tournes et retournes entre tes doigts habiles. Et te voilà, prenant ton repas, assis sur tes talons, le dos arqué, la queue relevée en panache. Les méchants disent que tu manges avec tes doigts, et qu'il est malséant d'ainsi faire. Tu t'en ris, non sans raison. Tes doigts sont toujours propres : qui peut en dire autant ? et tu t'en sers avec plus de grâce que les muscadins de leur fourchette de métal précieux. Avec ces doigts agiles, armés d'ongles acérés, tu peignes ton poil soyeux ; tu le lisses avec ta petite langue, et quand tu as passé ta patte légère sur les houppettes qui terminent tes oreilles, et caressé lestement ta moustachinette noire, il ne te reste plus qu'à te frotter les mains. Ainsi fais-tu, à la manière de l'homme content de son sort.

Aussi bien, qui, plus que toi, peut se réjouir ! Tu vis libre au milieu des forêts parfumées ; à l'écart des vilenies et des turpitudes de ce monde. Tu as bonne table et bon gîte ; tu voyages à ton gré, de cime en cime, comme un oiseau, ou, plus modestement, tu chemines sur la terre, comme un beau petit rat que tu es. N'était que quelque méchant

gamin peut s'emparer de tes petits, les obliger à vivre au
contact des hommes et leur apprendre à tourner la roue
dans quelque prison de fil de fer, nul ne serait plus heureux
que toi, charmant rongeur. Bonne chance! et adieu!

TABLE

TABLE DES MATIÈRES

Achevé d'imprimer

Le vingt juillet mil huit cent quatre-vingt-dix

PAR CH. UNSINGER

POUR

E. DENTU, LIBRAIRE-ÉDITEUR

A PARIS